朝日小学生新聞の
ドクガク！
学習読みものシリーズ

読めばわかる！
科《か》学《がく》

監修／柿澤壽（桐朋中学校・高等学校教諭）
編著／朝日小学生新聞

はじめに

ボタンをおせば、電気《でんき》がついたり、テレビを見《み》たりすることができますね。また、インターネットを使《つか》えば一瞬《いっしゅん》で世界中《せかいじゅう》の情報《じょうほう》を知《し》ることができます。みなさんは、それらがあたりまえのようにできる時代《じだい》に生《う》まれ、暮《く》らしています。しかし、その「あたりまえ」は数十年《すうねん》から数百年《すうねん》の間《あいだ》に誕生《たんじょう》したものもあることを知《し》っていますか？　遠《とお》くの人《ひと》に何《なに》かを伝《つた》えるにも、煙《けむり》を使《つか》ったり、何日《なんにち》もかかって手紙《てがみ》を送《おく》ったりしていた時代《じだい》もあったのです。

いまのあたりまえを実現《じつげん》した大《おお》きな力《ちから》となったものの一つに、

科学技術《かがくぎじゅつ》が挙《あ》げられます。世界各国《せかいかっこく》の科学者《かがくしゃ》たちが、見落《みお》としてしまいがちな身《み》のまわりのものごとに興味《きょうみ》をもち研究《けんきゅう》を重《かさ》ねたり、偶然発見《ぐうぜんはっけん》したものを生活《せいかつ》に応用《おうよう》したりしてきました。もちろん、いまだ解明《かいめい》されていないことも多《おお》くあります。

「なんだか難《むずか》しそう……」「理科《りか》は苦手《にがて》だな」と思《おも》う人《ひと》も、日常《にちじょう》の生活《せいかつ》に置《お》きかえてみると楽《たの》しく学《まな》べるかもしれません。

この本《ほん》では、宇宙《うちゅう》と地球《ちきゅう》、生活《せいかつ》、食《た》べものと乗《の》りものの3章《しょう》に分《わ》けて、さまざまなふしぎを見《み》ていきます。見落《みお》としてしまいがちな「あたりまえ」のしくみや誕生《たんじょう》を知《し》り、過去《かこ》、いま、そしてみなさんがこれから生《い》きていく未来《みらい》を見《み》つめるきっかけになれれば、とてもうれしいです。

目《もく》次《じ》

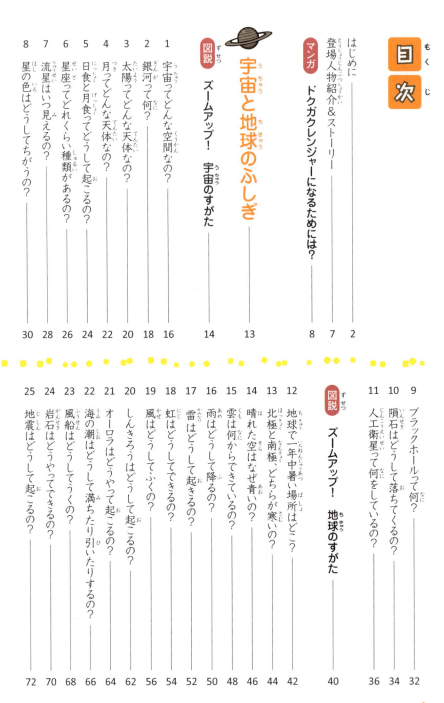

登場人物紹介《とうじょうじんぶつしょうかい》

地球《ちきゅう》を救《すく》う「ドクガクレンジャー」になるべく訓練中《くんれんちゅう》！

れん

正義感《せいぎかん》はたっぷりだけど、どこか空回《からまわ》りしてしまう男《おとこ》の子《こ》

せい

素直《すなお》で、負《ま》けず嫌《ぎら》いな女《おんな》の子《こ》

れんとせいの教育係《きょういくがかり》

らいおむ隊長《たいちょう》

ドクガクレンジャーの隊長《たいちょう》

ヨウタ

こわいもの知《し》らずで、頭《あたま》のいいアンドロイドの男《おとこ》の子《こ》

ミツキ

クールな性格《せいかく》をしている、アンドイロドの女《おんな》の子《こ》

ストーリー

地球《ちきゅう》を守《まも》る「ドクガクレンジャー」になるべく、ドクガクレンジャー学校《がっこう》で訓《くん》練《れん》にはげんできた、れんとせい。ところが、赤点《あかてん》ばかりをとる落《お》ちこぼれでもありました。一度《いちど》は退学通告《たいがくつうこく》を出《だ》したらいおむ隊長《たいちょう》でしたが、「身《み》のまわりのふしぎを学《まな》ぶミッションを果《は》たせばレンジャーの仲間《なかま》に……」というチャンスをあたえることに。二人は、不《ふ》安《あん》をかかえながら出発《しゅっぱつ》すると……。

ジジとムーの活躍は「読めばわかる！生物」で！

ほらっ　なんか近づいてきてる…
ほんとだ…鳥かな？飛行機？？
くるん
ズー…ン
ドーン！
スッ
……
サッ
ひゃぁ！
見て…この子たちのおどろきよう…
ドクガクレンジャー見習いとは思えないね…
君たちはだ…誰だ！
われら！
ドクガクレンジャー！
ビヨーン
シュボ
ボボー

ロ…ロボットなの？
正確にはアンドロイドだけどね
でも…　ロボットのドクガクレンジャーなんて聞いたことないわ
パカ
しょうがないなぁ
はい　ドクガクレンジャーの証
いまだ入れていない君たちよりも頭がいいんだよ
でも私たちに何の用？
ドクガクレンジャー
No.001034
ヨウタ
YOUTA
ドクガクレンジャー
No.001035
ミツキ
MITSUKI
本当だ…
あなたたちのミッションの助っ人よ
え？ぼくらのミッションを手伝ってくれる？
だって君たちの力じゃ無理だろう？

そ…そんなことないわよ！
カチン！
れん 行きましょう
へー なら二人でがんばってね
ぼくらの助けを借りればあっという間に終わるのになぁ
ピタッ
うぅ…うぅうぅうぅ…
お願いします…
くる
ふふふ じゃ 早速案内しましょうか
たくさんあるからついてきてね

こうして、ドクガクレンジャー見習《みなら》いのれんとせいは、突然《とつぜん》現《あらわ》れた「ドクガクレンジャー」の一員《いちいん》と名乗《なの》るアンドロイドのヨウタとミツキについていくことにしました。果《は》たして、「身《み》のまわりにあるふしぎ」を学《まな》ぶことができるのでしょうか？

みなさんも二人のミッションをのぞいてみましょう！　宇宙《うちゅう》や地球《ちきゅう》のつくり、そしていまの生活《せいかつ》がどのような技術《ぎじゅつ》で支《ささ》えられているかを知《し》ることで、日常《にちじょう》の見《み》え方《かた》がいつもとちがって見《み》えてくるはずです。

たくさんのふしぎを
一緒《いっしょ》に学《まな》ぼう！

宇宙《うちゅう》と地球《ちきゅう》のふしぎ

まずは、宇宙《うちゅう》と
みんなが住《す》んでいる地球《ちきゅう》に
ついて見《み》ていくわよ！

太陽系《たいようけい》外縁天体《がいえんてんたい》

すい星《せい》

長《なが》い尾《お》を引《ひ》いた天体《てんたい》。長《なが》さが1億《おく》キロメートル以上《いじょう》になるものもあるんだって

海王星《かいおうせい》

太陽《たいよう》から一番離《いちばんはな》れている惑星《わくせい》。そのため、マイナス220度《ど》近《ちか》くの、寒《さむ》い世界《せかい》が広《ひろ》がっている

天王星《てんのうせい》

人類《じんるい》が初《はじ》めて、望遠鏡《ぼうえんきょう》を使《つか》って見《み》つけた惑星《わくせい》。氷《こおり》と岩石《がんせき》からなる核《かく》をもつ。厚《あつ》い雲《くも》が表《ひょう》面《めん》をおおっているよ

土星《どせい》

巨大《きょだい》な輪《わ》をもっているのが特徴《とくちょう》。輪《わ》の厚《あつ》さは数《すう》十〜数《すう》百メートルなんだって

木星《もくせい》

太陽系最大《たいようけいさいだい》の惑星《わくせい》。周《まわ》りにはたくさんの衛星《えいせい》が回《まわ》っていて、特《とく》に大《おお》きな四つはガリレオ衛星《えいせい》とよばれているよ

宇宙《うちゅう》は、約《やく》137億《おく》〜138億年前《おくねんまえ》に誕生《たんじょう》したといわれているよ。宇宙《うちゅう》の全体像《ぜんたいぞう》を見《み》てみよう!

ズームアップ！ 宇宙《うちゅう》のすがた

惑星《わくせい》
恒星《こうせい》の周《まわ》りを回《まわ》る、大《おお》きい天体《てんたい》のこと

流星《りゅうせい》
流《なが》れ星《ぼし》ともいう。地《ち》球《きゅう》の大気《たいき》にぶつかるちりで、数秒《すうびょう》ほどしか見《み》られないものも

天体《てんたい》
宇宙《うちゅう》に存在《そんざい》する物質《ぶっしつ》の集《あつ》まり

衛星《えいせい》
惑星《わくせい》の周《まわ》りを回《まわ》る小《ち い》さな天体《てんたい》のこと

恒星《こうせい》
自《みずか》ら熱《ねつ》を出《だ》し、光《ひか》り輝《かがや》く星《ほし》のこと。夜空《よぞら》に見《み》えるほとんどの星《ほし》や太陽《たいよう》が恒星《こうせい》だよ

太陽系《たいようけい》
太陽《たいよう》と惑星《わくせい》などをふくめた天体《てんたい》の集《あつ》まりのこと

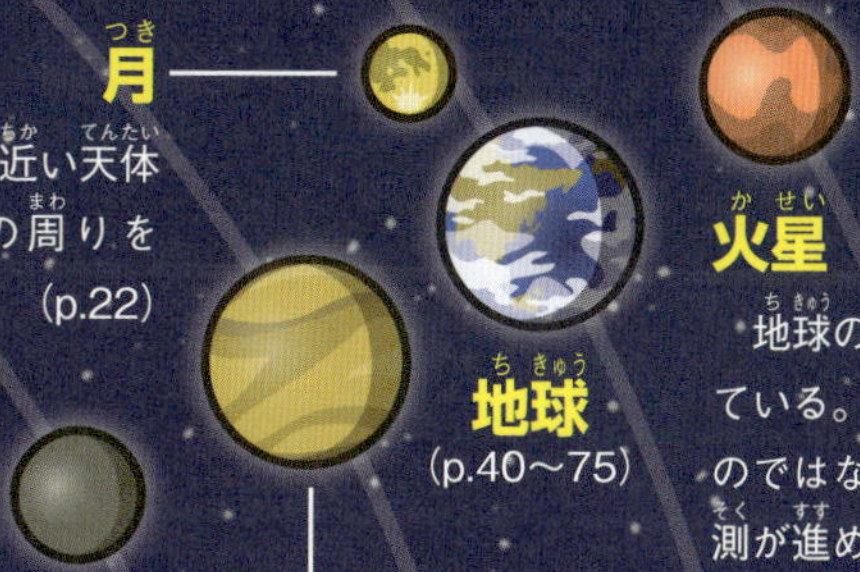

月《つき》
地球《ちきゅう》に最《もっと》も近《ちか》い天体《てんたい》だよ。地球《ちきゅう》の周《まわ》りを回《まわ》っているよ (p.22)

火星《かせい》
地球《ちきゅう》の外側《そとがわ》を回《まわ》っている。生命《せいめい》がいるのではないかと、観《かん》測《そく》が進《すす》められている

地球《ちきゅう》
(p.40〜75)

金星《きんせい》
地球《ちきゅう》より内側《うちがわ》を回《まわ》っている。地球《ちきゅう》に最《もっと》も近《ちか》づく惑星《わくせい》で、夕《ゆう》方《がた》や明《あ》け方《がた》に見《み》えるよ

水星《すいせい》
太陽《たいよう》の一番近《いちばんちか》くを回《まわ》っている。大気《たいき》はほとんどないよ

太陽《たいよう》
自《みずか》ら光《ひかり》を出《だ》して輝《かがや》く天体《てんたい》だよ (p.20)

【1】

宇宙《うちゅう》ってどんな空間《くうかん》なの？

空気《くうき》もなければ重力《じゅうりょく》もほぼないよ

宇宙《うちゅう》には、地球《ちきゅう》のような空気《くうき》も重力《じゅうりょく》もほぼないよ。宇宙飛行士《うちゅうひこうし》は、そんな環境《かんきょう》からからだを守《まも》るために作《つく》られた宇宙服《うちゅうふく》を着《き》ているんだ。宇宙《うちゅう》で確認《かくにん》されている物質《ぶっしつ》には水素《すいそ》とヘリウムがあるけど、ほとんどが「ダークマター（暗黒物質《あんこくぶっしつ》）」をはじめとする正体不明《しょうたいふめい》の物質《ぶっしつ》からできているんだって。

宇宙《うちゅう》は約《やく》137億《おく》～138億年前《おくねんまえ》に、何《なに》もないところから突然生《とつぜんう》まれたというよ。あるとき、小《ちい》さな点《てん》が生《う》まれて、その点《てん》が高温《こうおん》、高密度《こうみつど》の火《ひ》の玉《たま》となり、大爆発《だいばくはつ》を起《お》こしたという説《せつ》がある。これを「ビッグバン」というんだ。空間《くうかん》や時間《じかん》、物質《ぶっしつ》ができたというよ。さらにビッグバンよりも前《まえ》に、宇宙《うちゅう》が一瞬《いっしゅん》でふくらみ大《おお》きくなった「インフレーション現象《げんしょう》」が起《お》きたという説《せつ》もあって、宇宙誕生《うちゅうたんじょう》のなぞはまだ明《あき》らかにされていないんだ。それに、いまでも宇宙《うちゅう》はふくらみつづけているんだって。

グン
グン
ダークマター…
宇宙がふくらんでいる…
難しいなぁ…
無重力って
どんな感じかしら

宇宙をふくらませる力として働くエネルギーを「ダークエネルギー（暗黒エネルギー）」というらしい
とてつもないエネルギーなんでしょうね……

【2】銀河《ぎんが》って何《なに》？

たくさんの星《ほし》が集《あつ》まっている大《おお》きな天体《てんたい》よ

銀河《ぎんが》は、たくさんの恒星《こうせい》やガス、ちりなどが集《あつ》まった大集団《だいしゅうだん》よ。宇宙《うちゅう》のあちこちにたくさんあるといわれていて、具体的《ぐたいてき》な個数《こすう》はまだわかっていないの。大《おお》きさもさまざまよ。私《わたし》たちの住《す》む太陽系《たいようけい》が属《ぞく》する銀河《ぎんが》は「銀河系《ぎんがけい》」とよばれていて、約《やく》２０００億個《おくこ》の恒星《こうせい》からできているんだって。銀河系《ぎんがけい》にある恒星《こうせい》の集《あつ》まりは、地球《ちきゅう》からは光《ひかり》の帯《おび》「天《あま》の川《がわ》」として見《み》えることから「天《あま》の川銀河《がわぎんが》」ともいわれているわ。天《あま》の川《がわ》は七夕《たなばた》でも有名《ゆうめい》よね。

銀河《ぎんが》の形《かたち》は、大《おお》きく「だ円銀河《えんぎんが》」「レンズ状銀河《じょうぎんが》」「渦巻銀河《うずまきぎんが》」「棒渦巻銀河《ぼううずまきぎんが》」、それ以外《いがい》の「不規則銀河《ふきそくぎんが》」に分《わ》けられているわ。レンズ状銀河《じょうぎんが》は模様《もよう》のない円盤《えんばん》の形《かたち》で、不規則銀河《ふきそくぎんが》は形《かたち》が整《ととの》っていない銀河《ぎんが》。だ円銀河《えんぎんが》には年老《としお》いた星《ほし》が多《おお》くて、不規則銀河《ふきそくぎんが》には若《わか》い星《ほし》が多《おお》いというわ。この分類《ぶんるい》は、1926年にアメリカの天文学者《てんもんがくしゃ》エドウィン・ハッブルが発表《はっぴょう》したものなの。

銀河が集まっている
小さな群れを「銀河群」、
大きな群れを「銀河団」
というらしい

銀河団っていう名前、
かっこいいわね〜

【３】太陽《たいよう》ってどんな天体《てんたい》なの？

ガスが集《あつ》まってできていて、とてつもなく熱《あつ》いよ

太陽《たいよう》は、銀河系《ぎんがけい》にただようガスが集《あつ》まってできた恒星《こうせい》だ。陸地《りくち》も海《うみ》もないよ。地球《ちきゅう》から約《やく》１億《おく》５０００万《まん》キロメートル離《はな》れたところにあるにもかかわらず、明《あか》るさや暖《あたた》かい光《ひかり》が地球《ちきゅう》に届《とど》くのはすごいよね。表面《ひょうめん》の温度《おんど》は約《やく》６０００度《ど》にもなるというよ。

炎《ほのお》のような高温《こうおん》のガスを「プロミネンス」（または紅炎《こうえん》）という。表面《ひょうめん》からふき出《で》ているように見《み》えて、なんと高《たか》さは数《すう》十万《まん》キロメートルにもなるんだって。太陽《たいよう》の表面《ひょうめん》に見《み》える黒《くろ》い点《てん》は「黒点《こくてん》」とい

うよ。周《まわ》りよりも温《おん》度《ど》が低《ひく》いから黒《くろ》っぽく見《み》えるんだ。太《たい》陽《よう》の活《かつ》動《どう》が活《かっ》発《ぱつ》なときほど、黒《こく》点《てん》の数《かず》が多《おお》く現《あらわ》れるんだって。

太《たい》陽《よう》の光《ひかり》はとても強《つよ》いから、肉《にく》眼《がん》で直《ちょく》接《せつ》見《み》たり、望《ぼう》遠《えん》鏡《きょう》や双《そう》眼《がん》鏡《きょう》を使《つか》って見《み》たりしてはいけないよ。サングラスをかけていてもダメなんだ。目《め》をいためたり、最《さい》悪《あく》の場《ば》合《あい》は失《しつ》明《めい》してしまったりする危《き》険《けん》もあるよ。

プロミネンス
黒点
太陽…おそるべし…
だろ～

太陽は東の空からのぼって西の方に沈むというよね
失明させちゃうほどだなんて、太陽の力ってすごいわね

【4】月《つき》ってどんな天体《てんたい》なの？

月《つき》の光《ひかり》は月《つき》が出《だ》しているものではないの

地球《ちきゅう》が太陽《たいよう》の周《まわ》りを回《まわ》っているように、月《つき》は地球《ちきゅう》の周《まわ》りを回《まわ》っているわ。直径《ちょっけい》は地球《ちきゅう》の約《やく》４分《ぶん》の１の３５００キロメートル。昼《ひる》（太《たい》陽《よう》の光《ひかり》が当《あ》たっている場所《ばしょ》）は約《やく》110度《ど》、夜《よる》は約《やく》マイナス170度《ど》になるらしいの。とても温度差《おんどさ》が激《はげ》しいのよ。

美《うつく》しい光《ひかり》を放《はな》っているように見《み》える月《つき》だけど、表面《ひょうめん》は砂《すな》や岩石《がんせき》でおおわれているわ。月《つき》が輝《かがや》いて見《み》えるのは、太陽《たいよう》の光《ひかり》を反射《はんしゃ》しているからなの。

月《つき》を見《み》ていると、日《ひ》によって半月《はんげつ》に見《み》えたり、満月《まんげつ》になったり、どうして形《かたち》が変《か》わるのとふしぎに思《おも》うかもしれないわね。これは、太《たい》陽《よう》と月《つき》の位置関係《いちかんけい》が少《すこ》しずつ変《か》わっているからなの。みんなが見《み》える月《つき》の部分《ぶぶん》は、太陽《たいよう》の光《ひかり》が月《つき》に当《あ》たって輝《かがや》いて見《み》えるところなのよ。

月《つき》の形《かたち》は新月《しんげつ》から三日月《みかづき》、半月《はんげつ》（上弦《じょうげん》）、満月《まんげつ》、半月《はんげつ》（下弦《かげん》）、新月《しんげつ》と形《かたち》が変《か》わっていくわ。だいたい29日間《にちかん》の周期《しゅうき》でくり返《かえ》されるの。

日本では満月に見える模様をうさぎが餅をついているようだといわれているよね

月が地球に最も近づく日に満月か新月になることを「スーパームーン」というわ

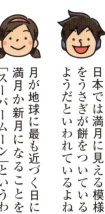

【5】日食《にっしょく》と月食《げっしょく》ってどうして起《お》こるの？

太陽《たいよう》が月《つき》にかくれたり、月《つき》が地球《ちきゅう》の影《かげ》に入《はい》ってしまったり

時《とき》たまニュースになる、日食《にっしょく》や月食《げっしょく》。どのように起《お》こっているのか、紹介《しょうかい》しよう。

日食《にっしょく》は太陽《たいよう》と月《つき》が同《おな》じ方向《ほうこう》にあるときに起《お》こる。太陽《たいよう》が月《つき》にかくされてしまうんだ。太陽《たいよう》と月《つき》の大《おお》きさは実際《じっさい》はちがうけど、地球《ちきゅう》からの距離《きょり》を考《かんが》えると同《おな》じくらいの大《おお》きさに見《み》えるからなんだよ。全《ぜん》部《ぶ》かくされてしまうときは「皆既日食《かいきにっしょく》」、一部分《いちぶぶん》だけかくされるときは「部分日食《ぶぶんにっしょく》」というよ。金環食《きんかんしょく》という、太陽《たいよう》をかくす月《つき》の周《まわ》りに

輪《わ》のような光《ひかり》がはみ出《だ》すときもある。日食《にっしょく》が起《お》こるのは1年《ねん》に2回程度《かいていど》だけど、見《み》られる地域《ちいき》は限《かぎ》られているよ。

一方《いっぽう》の月食《げっしょく》は、満月《まんげつ》のときに月《つき》の位置《ち》が地球《ちきゅう》をはさんで太陽《たいよう》の反対側《はんたいがわ》になって起《お》こる現象《げんしょう》さ。月《つき》の全部《ぜんぶ》が地球《ちきゅう》の影《かげ》に入《はい》ることを「皆既月食《かいきげっしょく》」、一部分《いちぶぶん》が入《はい》ることを「部分月食《ぶぶんげっしょく》」というんだ。月食《げっしょく》は月《つき》が見《み》えるところからならどこからでも見《み》えるらしいよ。

皆既月食見てみたいな～

私は金環食が見てみたい！

【6】星座《せいざ》ってどれくらい種類《しゅるい》があるの？

88個《こ》の星座《せいざ》があるよ

星座《せいざ》は、近《ちか》くにある恒星同士《こうせいどうし》や目立《めだ》つ恒星《こうせい》を結《むす》びつけて、神話《しんわ》に登場《とうじょう》する人物《じんぶつ》や、動物《どうぶつ》などに見立《みた》てたもの。いまある88個《こ》の星座《せいざ》は、１９２８年に国際天文学連合《こくさいてんもんがくれんごう》で決《き》められた星座《せいざ》なんだ。

地球《ちきゅう》が太陽《たいよう》の周《まわ》りを回《まわ》ることで、見《み》られる星座《せいざ》は季節《きせつ》によって移《うつ》り変《か》わるよ。たとえば、日本の冬《ふゆ》の南《みなみ》の空《そら》にはオリオン座《ざ》が見《み》えるけど、夏《なつ》になるとオリオン座《ざ》の代《か》わりにさそり座《ざ》が見《み》えるんだ。みんなは誕生日《たんじょうび》でおひつじ座《ざ》やおうし座《ざ》などに分《わ》けられているよね。実《じっ》は、その星座《せいざ》の見《み》ごろは誕生日《たんじょうび》の3~4か月《げつ》ほど前《まえ》なんだよ。

星座《せいざ》のはじまりは紀元前《きげんぜん》3000年にさかのぼる。古代《こだい》バビロニア（いまのイラク）の羊飼《ひつじか》いが星《ほし》をつないで、人間《にんげん》や動物《どうぶつ》の形《かたち》を想《そう》像《ぞう》していたんだって。バビロニアの遺跡《いせき》から出土《しゅつど》した遺物《いぶつ》にも、星座《せいざ》の絵《え》がかかれていたというよ。

一番大きい星座は春に見られる「うみへび座」だって

一番小さい星座は、日本では見えにくい、南方の星座「みなみじゅうじ座」らしいわ

【7】流星《りゅうせい》はいつ見《み》えるの？

決《き》まった時期《じき》に見《み》える流星《りゅうせい》があるわ

流星《りゅうせい》は、長《なが》い尾《お》を引《ひ》いたすい星《せい》がまき散《ち》らしたちりが地球《ちきゅう》の大気《たいき》にぶつかったものよ。直径《ちょっけい》1ミリから数《すう》センチの小《ちい》さなちりが大気《たいき》に突入《とつにゅう》したときに熱《ねつ》を帯《お》び、光《ひか》って見《み》えるの。

流星《りゅうせい》は無秩序《むちつじょ》に見《み》えるものもあるけど、毎年《まいとし》決《き》まった時期《じき》に現《あらわ》れる流星《りゅうせい》があるわ。その一群《いちぐん》を「流星群《りゅうせいぐん》」というの。特定《とくてい》の星座《せいざ》の方向《ほうこう》から飛《と》んでくるから、星座《せいざ》の名前《なまえ》がつけられているわよ。特《とく》に安定《あんてい》して多《おお》くの流星群《りゅうせいぐん》が見《み》られるのが、「しぶんぎ座流星群《ざりゅうせいぐん》」（12月28

日〜1月12日）「ペルセウス座《ざ》流星群《りゅうせいぐん》」（7月17日〜8月24日）「ふたご座《ざ》流星《りゅうせい》群《ぐん》」（12月4日〜12月17日）。3大流星《だいりゅうせい》群《ぐん》とよばれているの。

毎年《まいとし》11月に見《み》られる「しし座《ざ》流星《りゅうせい》群《ぐん》」は、2001年に1時《じ》間《かん》に約《やく》2000個《こ》の流星《りゅうせい》が出現《しゅつげん》したらしいわ。次回《じかい》の大出現《だいしゅつげん》は2032〜34年ごろといわれているわよ。

流星を見たら本当に願いがかなうのかな

すい星と流星って関係があったのね

【8】星《ほし》の色《いろ》はどうしてちがうの？

表面《ひょうめん》の温度《おんど》がちがうからなの

星《ほし》をながめていると、色《いろ》がちがうことに気《き》づくかもしれないわね。星《ほし》の色《いろ》には黄色《きいろ》や赤《あか》、青色《あおいろ》などがあるわ。その理由《りゆう》は、星《ほし》の表面《ひょうめん》の温度《おんど》がちがうからなの。表面《ひょうめん》の温度《おんど》が一番高《いちばんたか》い星《ほし》は青《あお》く、温度《おんど》が低《ひく》くなるにつれて、白色《しろいろ》、黄色《きいろ》、だいだい色《いろ》、赤色《あかいろ》と見《み》えるんだって。表面温度《ひょうめんおんど》が約《やく》６０００度《ど》の太陽《たいよう》は黄色《きいろ》い星《ほし》の仲間《なかま》になるわ。

また星《ほし》は明《あか》るさによっても分類《ぶんるい》することができるわ。１等星《とうせい》、２等星《とうせい》、３等星《とうせい》……と分《わ》けられているの。肉眼《にくがん》で見《み》える星《ほし》のうち１等《とう》

星《せい》が一番明《いちばんあか》るい星《ほし》、6等星《とうせい》は
やっと見《み》えるぐらいの暗《くら》い星《ほし》。
空全体《そらぜんたい》で見《み》られる1～6等星《とうせい》は、
約《やく》8600個《こ》ほどで、北半球《きたはんきゅう》の
条件《じょうけん》がよい場所《ばしょ》で見《み》られる星《ほし》の
数《かず》は約《やく》4300個《こ》ほどといわれ
ているらしいわ。

温度が高いと
青くなるのは
意外だ！

見られる星の数だけでも
4300個あるのね……

【9】ブラックホールって何《なに》？

入《はい》ったらぬけられない！　星《ほし》の最期《さいご》の姿《すがた》だよ

「ブラックホール」という言葉《ことば》を聞《き》いたことはあるかな？　ブラックホールは、星《ほし》の最期《さいご》の姿《すがた》なんだ。「星《ほし》って死《し》ぬの？」とおどろいたかもしれないけど、星《ほし》の寿命《じゅみょう》にも限《かぎ》りがあるんだ。特《とく》に重《おも》い星《ほし》は、死《し》ぬ直前《ちょくぜん》に大爆発《だいばくはつ》を起《お》こし、ガスをふき飛《と》ばして死《し》んでいくらしい。

ブラックホールになるのは、太陽《たいよう》の約《やく》25倍《ばい》よりも重《おも》い星《ほし》。とても重力《じゅうりょく》が強《つよ》いから、一度《いちど》中《なか》へ入《はい》ったら物体《ぶったい》はもちろん、光《ひかり》さえも出《で》られなくなってしまうというよ。

ブラックホールは光《ひかり》が出《で》ないから、直接目《ちょくせつめ》にすることはできない。だから「黒《くろ》い穴《あな》」という意味《いみ》の名前《なまえ》がつけられているみたいだ。でも、星《ほし》がとなりにあるときにはブラックホールを見《み》つけることができるらしいよ。ブラックホールにすいこまれたとなりの星《ほし》のガスが高温《こうおん》になることで、強《つよ》いエックス線《せん》が放《はな》たれて、明《あか》るく輝《かがや》くんだって。

引きずりこまれたら、大変だ……！

重い星は寿命が短くて、軽い星は長生きするみたいよ

ブラックホールに引きずりこまれる夢を見た…
早く支度して出発するよ

【10】

隕石《いんせき》はどうして落《お》ちてくるの？

大気圏《たいきけん》で燃《も》えつきず落《お》ちてきてしまうから

流星《りゅうせい》の中《なか》には、大気圏《たいきけん》で燃《も》えつきずに地球《ちきゅう》に落《お》ちてきてしまうものがある。これを「隕石《いんせき》」というよ。隕石《いんせき》の正体《しょうたい》は、小惑星《しょうわくせい》とよばれるものが多《おお》いんだ。小惑星《しょうわくせい》とは、惑星《わくせい》よりも小《ち》さな天体《てんたい》のことで、火星《かせい》と木星《もくせい》の間《あいだ》を回《まわ》っている。小惑星《しょうわくせい》が地球《ちきゅう》に近《ちか》づくと、大気中《たいきちゅう》で燃《も》えつきずに落《お》ちてきてしまうことがあるんだ。

隕石《いんせき》はものすごい速《はや》さで落《お》ちてくるから、小《ち》さな隕石《いんせき》でも当《あ》たったものをこわしてしまうみたい。大《おお》きな隕石《いんせき》が地面《じめん》に落《お》ちたときに残《のこ》る跡《あと》を、クレーター（隕石孔《いんせきこう》）というよ。隕石《いんせき》は世界中《せかいじゅう》ではなんと約《やく》5万個《まんこ》、日本では約《やく》50個《こ》が確認《かくにん》されているという。南《みなみ》アフリカには、現存《げんそん》する世界最古《せかいさいこ》で最大《さいだい》のクレーター「フレデフォート・ドーム」があるよ。直径《ちょっけい》が約《やく》190キロメートルにもなるんだ。

隕石が通った後の空には「隕石雲」とよばれる雲ができるんだって

隕石が恐竜をほろぼしたという説もあるわよね

【11】

人工衛星《じんこうえいせい》って何《なに》をしているの？

みんなの生活《せいかつ》をサポートしているよ

人工衛星《じんこうえいせい》は、人間《にんげん》が作《つく》った地球《ちきゅう》の周《まわ》りを回《まわ》るものよ。２０１７年２月時点《じてん》で７６００機《き》以上《いじょう》が打《う》ち上《あ》げられたというわ。世界初《せかいはつ》の人《じん》工衛星《こうえいせい》は、ソビエト連邦《れんぽう》（現《げん》・ロシア連邦《れんぽう》）が１９５７年に打《う》ち上《あ》げた「スプートニク１号《ごう》」よ。

主《おも》な人工衛星《じんこうえいせい》を紹介《しょうかい》するわね。まず、「気象衛星《きしょうえいせい》」。地球《ちきゅう》の写真《しゃしん》を撮《と》りつづけて、雲《くも》の動《うご》きなどを見《み》ているの。毎日《まいにち》の天気《てんき》の予想《よそう》をするためのものよ。

次《つぎ》に、「測位衛星《そくいえいせい》」は、位置《いち》を確認《かくにん》するための人工衛星《じんこうえいせい》よ。車《くるま》などのナビゲーションシステムや、GPS《ジーピーエス》などに使《つか》われているわ。「通《つう》信《しん》・放送衛星《ほうそうえいせい》」は、遠《とお》く離《はな》れている2地点《ちてん》の電波《でんぱ》を中継《ちゅうけい》していたり、テレビの電波信号《でんぱしんごう》を送《おく》っていたりする。放送衛星《ほうそうえいせい》は他《ほか》の国《くに》に電波《でんぱ》がもれないように、必要《ひつよう》な地域《ちいき》だけ送《おく》る設定《せってい》がされているの。

これだけ見《み》ても、人工衛星《じんこうえいせい》が私《わたし》たちの生活《せいかつ》にとてもつながりがあることがわかるわね！

人工衛星ってすごいねー

「地球観測衛星」は、地球の環境や資源などを調べているんだって

人工衛星にもいろんな種類があるのね

宇宙《うちゅう》のなぞを調査《ちょうさ》している機関《きかん》って？

宇宙《うちゅう》のなぞはまだまだたくさんあるわ。その宇宙《うちゅう》のなぞを調《しら》べる調査施設《ちょうさしせつ》や機関《きかん》を紹介《しょうかい》するわね！人工衛星《じんこうえいせい》や、ロケットなど観測《かんそく》するものを作《つく》ったり、打《う》ち上《あ》げたりしているの

宇宙《うちゅう》を調《しら》べる調査施設《ちょうさしせつ》・機関《きかん》

国際宇宙《こくさいうちゅう》ステーション（ISS《アイエスエス》）

地上《ちじょう》から約《やく》400キロメートル上空《じょうくう》に建設《けんせつ》された。2000年から宇宙飛行士《うちゅうひこうし》の滞在《たいざい》が始《はじ》まり、任期《にんき》は約半年《やくはんとし》。1周約《しゅうやく》90分《ぷん》というスピードで地球《ちきゅう》の周《まわ》りを回《まわ》っていて、地球《ちきゅう》や天体《てんたい》の観測《かんそく》などを行《おこな》っているよ。アメリカ、カナダ、ロシア、日本、ヨーロッパ各国《かっこく》の計《けい》15か国《こく》が協力《きょうりょく》しているんだ。

イメージイラスト：PIXTA提供

各国《かっこく》の主《おも》な調査機関《ちょうさきかん》

NASA《ナサ》（米国航空宇宙局《べいこくこうくううちゅうきょく》）

1958年に設立《せつりつ》された宇宙機関《うちゅうきかん》。人類初《じんるいはつ》の月《つき》への有人飛行《ゆうじんひこう》を達成《たっせい》した「アポロ計画《けいかく》」やスペースシャトル計画《けいかく》などを行《おこな》う。

国営宇宙公社《こくえいうちゅうこうしゃ》ロスコスモス（ロシア）

ソビエト連邦時代《れんぽうじだい》は軍事的《ぐんじてき》な目的《もくてき》で宇宙《うちゅう》の調査《ちょうさ》をしていたけど、1991年にソビエト連邦《れんぽう》が崩壊《ほうかい》すると、民事的《みんじてき》な目的《もくてき》での宇宙調査《うちゅうちょうさ》へ移行《いこう》したよ。

ESA《イーエスエー》（欧州宇宙機関《おうしゅううちゅうきかん》）

1975年に発足《ほっそく》した、ヨーロッパ各《かっ》国《こく》が共同《きょうどう》して宇宙開発《うちゅうかいはつ》に取《と》り組《く》む機関《きかん》。本部《ほんぶ》はパリにあるよ。

JAXA《ジャクサ》（宇宙航空研究開発機構《うちゅうこうくうけんきゅうかいはつきこう》）

日本の宇宙科学技術《うちゅうかがくぎじゅつ》の研究《けんきゅう》や開発《かいはつ》を行《おこな》う。鹿児島県《かごしまけん》の種子島《たねがしま》には日本最大《さいだい》のロケット発射場《はっしゃじょう》がある。

宇宙飛行士《うちゅうひこうし》って？

ISS《アイエスエス》などに滞在《たいざい》して、宇宙《うちゅう》での観測《かんそく》や研究《けんきゅう》、実験棟本《じっけんとうほん》体《たい》の操作《そうさ》や修理《しゅうり》などをしている宇宙飛行士《うちゅうひこうし》。とてもかっこいいよね！ JAXA《ジャクサ》では毛利衛《もうりまもる》さんをはじめ、これまで11人《にん》の宇宙飛行士《うちゅうひこうし》が活躍《かつやく》してきたんだ。ちなみに日本人《じん》で初《はじ》めて宇宙《うちゅう》へ行《い》ったのは、ジャーナリストの秋山《あきやま》豊寛《とよひろ》さん。1990年に宇宙《うちゅう》にジャーナリストを送《おく》る「宇《う》宙特派員計画《ちゅうとくはいんけいかく》」のメンバーとして宇宙《うちゅう》へ行《い》ったよ。

金井宣茂《かないのりしげ》宇宙飛行士は2017年12月から約6か月間ISSに滞在

宇宙飛行士《うちゅうひこうし》の仕事内容《しごとないよう》

- 観測《かんそく》、実験《じっけん》や研究《けんきゅう》
- ISS《アイエスエス》や実験棟本体《じっけんとうほんたい》の操作《そうさ》、修理《しゅうり》など
- 船外《せんがい》での活動《かつどう》

宇宙飛行士《うちゅうひこうし》になるには？

- 科学《かがく》や宇宙《うちゅう》の専門知識《せんもんちしき》や技術《ぎじゅつ》！
- 語学力《ごがくりょく》！ 各国の宇宙飛行士と一緒に仕事をするため
- 健康《けんこう》で、強《つよ》い精神力《せいしんりょく》！ 体験したことのない環境に行くため

↓

宇宙飛行士候補者《うちゅうひこうしこうほしゃ》に選《えら》ばれると、宇宙科学《うちゅうかがく》や宇宙医学《うちゅういがく》、飛行機操縦訓練《ひこうきそうじゅうくんれん》、宇宙《うちゅう》で活動《かつどう》する環境《かんきょう》に近《ちか》い環境《かんきょう》での訓練《くんれん》を行《おこな》うよ。それを終了《しゅうりょう》すると、宇宙飛行士《うちゅうひこうし》になれるんだ。

水《みず》は、おしっこをリサイクルしてつくっている！

2008年にISS《アイエスエス》では、人《にん》間《げん》が排出《はいしゅつ》したおしっこを飲《いん》料水《りょうすい》にする装置《そうち》が設置《せっち》されたよ。2009年から実際《じっさい》に使《つか》われるようになったんだ。おしっこを遠心分離《えんしんぶんり》させて加熱《かねつ》させ、水《みず》に再生《さいせい》させているようだよ。

宇宙《うちゅう》では何《なに》を食《た》べるの？

水《みず》やお湯《ゆ》を加《くわ》えるフリーズドライ食品《しょくひん》、レトルト食品《しょくひん》や缶詰《かんづめ》、そして果物《くだもの》や野菜《やさい》などを宇宙《うちゅう》にもっていっているよ。重力《じゅうりょく》がほとんどない宇宙《うちゅう》で飛《と》びちらないように、粉末状《ふんまつじょう》のものは液体《えきたい》にするなど工夫《くふう》もこらしているよ。

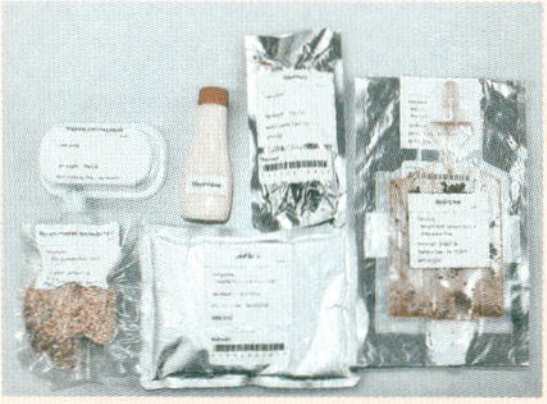

2007年からはJAXA《ジャクサ》が宇《う》宙《ちゅう》日本食《しょく》というものを用意《ようい》している。宇宙《うちゅう》日本食《しょく》は、民間《みんかん》の食品会社《しょくひんがいしゃ》や学校《がっこう》などが開発《かいはつ》したものを、JAXA《ジャクサ》が品質《ひんしつ》を検査《けんさ》して認証《にんしょう》したものだ。

地球《ちきゅう》のすがた

ズームアップ！

次《つぎ》は、私《わたし》たちが住《す》む地球《ちきゅう》のすがたを見《み》ていくわよ

地球《ちきゅう》の内部構造《ないぶこうぞう》

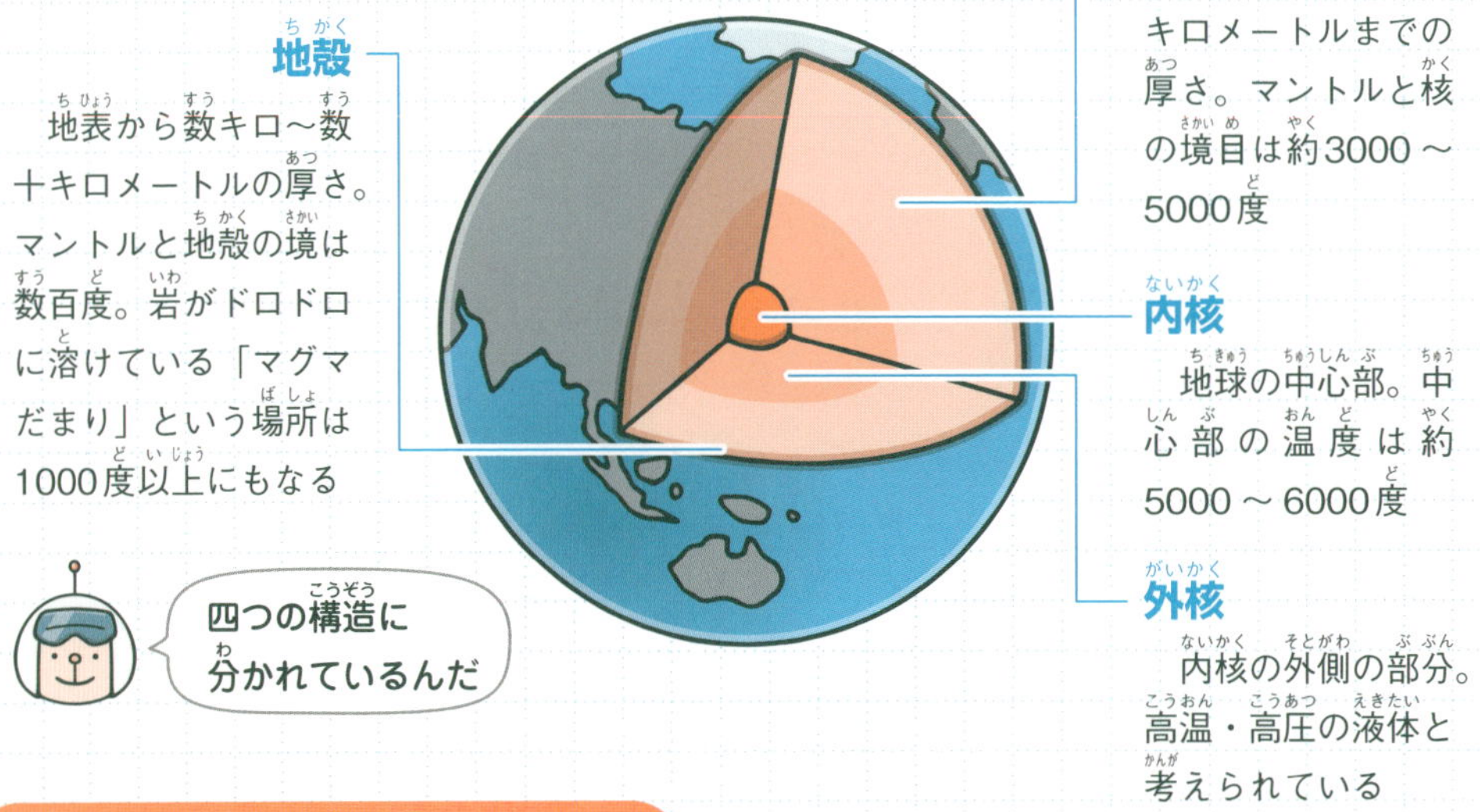

地殻《ちかく》
地表《ちひょう》から数《すう》キロ～数《すう》十キロメートルの厚《あつ》さ。マントルと地殻《ちかく》の境《さかい》は数《すう》百度《ど》。岩《いわ》がドロドロに溶《と》けている「マグマだまり」という場所《ばしょ》は1000度《ど》以上《いじょう》にもなる
マントル
地殻《ちかく》から約《やく》2900キロメートルまでの厚《あつ》さ。マントルと核《かく》の境目《さかいめ》は約《やく》3000～5000度《ど》
内核《ないかく》
地球《ちきゅう》の中心部《ちゅうしんぶ》。中心部《ちゅうしんぶ》の温度《おんど》は約《やく》5000～6000度《ど》
外核《がいかく》
内核《ないかく》の外側《そとがわ》の部分《ぶぶん》。高温《こうおん》・高圧《こうあつ》の液体《えきたい》と考《かんが》えられている
四《よっ》つの構造《こうぞう》に分《わ》かれているんだ

地球《ちきゅう》は1日《にち》1回転《かいてん》している

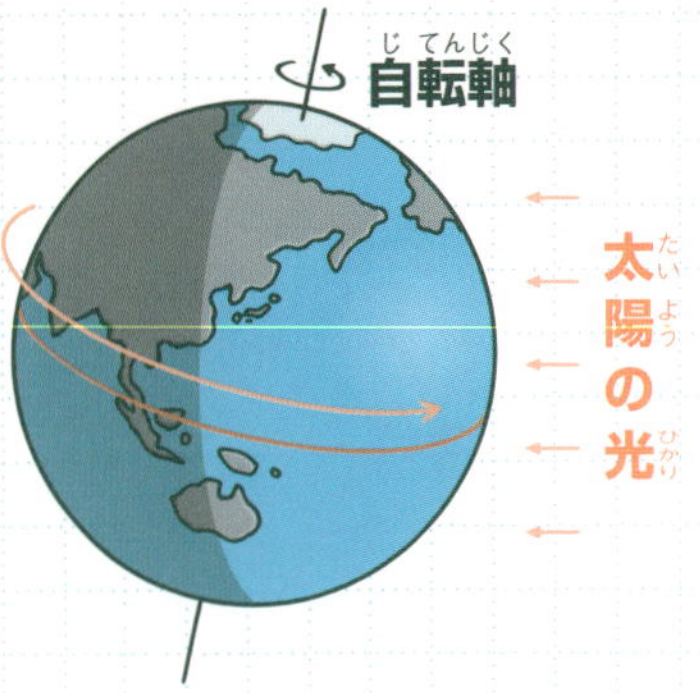

自転軸《じてんじく》
太陽《たいよう》の光《ひかり》

みんなが家《いえ》にいるときも、学校《がっこう》で授業《じゅぎょう》を受《う》けているときも、地球《ちきゅう》は動《うご》いていて、1日《にち》に1回転《かいてん》している。これを「自転《じてん》」というよ。太陽《たいよう》は一方向《いちほうこう》からしか地球《ちきゅう》を照《て》らさない。だから昼《ひる》は太陽《たいよう》に照《て》らされているから明《あか》るく、夜《よる》は照《て》らされていないから真《ま》っ暗《くら》になるよ。

地球《ちきゅう》は、北極点《ほっきょくてん》と南極点《なんきょくてん》をつらぬく「自転軸《じてんじく》」（地軸《ちじく》）という軸《じく》を中心《ちゅうしん》にして回《まわ》っているんだ。

白夜《びゃくや》、極夜《きょくや》の街《まち》

地球《ちきゅう》がかたむいているから、極地方《きょくちほう》では太陽《たいよう》が沈《しず》まない季節《きせつ》や、太陽《たいよう》がのぼらない季節《きせつ》もあるよ。

白夜《びゃくや》

夜《よる》になってもほのかに明《あか》るいか、太陽《たいよう》が沈《しず》まない

極夜《きょくや》

一日中太陽《いちにちじゅうたいよう》が出《で》ない

白夜のグリーンランド©朝日新聞社

ここを教《おし》えて!

4年《ねん》に1度《ど》やってくる「うるう年《どし》」って?

2月には28日までの年《とし》と、29日まである年《とし》があるね。29日がある年《とし》を「うるう年《どし》」というよ。うるう年《どし》は4年《ねん》に1度《ど》やってくるんだ。これは、公転《こうてん》が関係《かんけい》しているんだよ。

公転《こうてん》にかかる時間《じかん》は365日《にち》と約《やく》6時間《じかん》といわれている。1日《にち》は24時間《じかん》だから、4年経《ねんた》つと366日《にち》になることになるね。もしうるう年《どし》をつくらずにいると、100年後《ねんご》には季節《きせつ》がずれてしまうというよ。だから4年《ねん》に1度《ど》、日数《にっすう》を増《ふ》やして調整《ちょうせい》しているんだ。

季節《きせつ》があるのはなぜ?

地球《ちきゅう》は太陽《たいよう》の周《まわ》りを1年《ねん》かけて1周《しゅう》している。これを「公転《こうてん》」というよ。春夏秋冬《はるなつあきふゆ》のように季節《きせつ》がいつも同《おな》じ時期《じき》にやってくるんだ。日本のように四つの季節《きせつ》があれば、ない地域《ちいき》もあるけど、季節《きせつ》の変化《へんか》が1年周期《ねんしゅうき》なのは一緒《いっしょ》だよ。

また自転軸《じてんじく》がかたむいているから、公転《こうてん》する間《あいだ》に太陽《たいよう》の当《あ》たり方《かた》が北《きた》と南《みなみ》でちがうよ。北半球《きたはんきゅう》が冬《ふゆ》の時期《じき》は南半球《みなみはんきゅう》は夏《なつ》になるように、季節《きせつ》も半年《はんとし》ずれるんだ。

【12】

地球《ちきゅう》で一年中暑《いちねんじゅうあつ》い場所《ばしょ》はどこ？

赤道近《せきどうちか》くにある熱帯《ねったい》エリアだよ

年間《ねんかん》を通《とお》して暑《あつ》いといわれている場所《ばしょ》は、赤道近《せきどうちか》くの熱帯《ねったい》エリアだ。赤道《せきどう》は、地球《ちきゅう》の中心《ちゅうしん》を通《とお》り、自転《じてん》する軸《じく》（地軸《ちじく》）に垂直《すいちょく》な平面《へいめん》が地表《ちひょう》と交《まじ》わる線《せん》だよ。地軸《ちじく》から距離《きょり》が一番遠《いちばんとお》いんだ。逆《ぎゃく》に考《かんが》えると、赤道近《せきどうちか》くの場所《ばしょ》は太陽《たいよう》に一番近《いちばんちか》い。一年中太陽《いちねんじゅうたいよう》の光《ひかり》が強《つよ》く当《あ》たるよ。赤道《せきどう》は緯度《いど》が0度《ど》。熱帯《ねったい》エリアは南北《なんぼく》の緯度《いど》が約《やく》23度《ど》までのところを指《さ》すよ。実《じつ》は雨《あめ》が多《おお》いエリアでもあるんだ。乾季《かんき》と雨季《うき》の二つの季節《きせつ》に分《わ》かれる地域《ちいき》もあるよ。

ただ、気温《きおん》は地形《ちけい》や大気《たいき》の状態《じょうたい》などさまざまな要素《ようそ》の影響《えいきょう》を受《う》けるから、赤道《せきどう》に近《ちか》い方《ほう》が必《かなら》ず暑《あつ》いというわけではない。世界気象機関《せかいきしょうきかん》で公式《こうしき》に認定《にんてい》されている世界最高気温《せかいさいこうきおん》は、1913年にアメリカのカリフォルニア州《しゅう》デスバレーで観測《かんそく》された56・7度《ど》。日本の歴《れき》代最高気温《だいさいこうきおん》は、2018年7月23日に埼玉県熊谷《さいたまけんくまがや》で観測《かんそく》された41・1度《ど》だ。

【13】北極《ほっきょく》と南極《なんきょく》、どちらが寒《さむ》いの？

大陸上《たいりくじょう》にある方《ほう》よ

どちらが寒《さむ》いかというと、実《じつ》は南極《なんきょく》なの。南極《なんきょく》は、南緯《なんい》約《やく》66度《ど》以《い》南《なん》の地域《ちいき》を指《さ》すわ。南極《なんきょく》のボストーク基地《きち》で１９８３年に観測《かんそく》した最低気温《さいていきおん》は、マイナス89・2度《ど》だそうよ。一方《いっぽう》の北極《ほっきょく》は、北緯《ほくい》約《やく》66度《ど》以北《いほく》の地域《ちいき》をいうの。ソビエト連邦時代《れんぽうじだい》にシベリアのサハ共和国《きょうわこく》にあるオイミヤコンという町《まち》で、マイナス71度《ど》を観測《かんそく》したことがあるんだって。

南極《なんきょく》の方《ほう》が寒《さむ》い理由《りゆう》は、二つあるわ。一つは氷《こおり》の高《たか》さ。南極《なんきょく》の氷《こおり》

の高《たか》さは平均《へいきん》2500メートル。北極《ほっきょく》は高《たか》いものでも10メートルほどなの。山《やま》の上《うえ》が寒《さむ》いように氷《こおり》が高《たか》い方《ほう》が寒《さむ》いというわけなのよ。

もう一つの理由《りゆう》は南極《なんきょく》は大《おお》きな大陸上《たいりくじょう》にあって、海《うみ》からの熱《ねつ》があまり伝《つた》わってこないから。北極《ほっきょく》は氷《こおり》がういているだけだから海《うみ》からの熱《ねつ》が届《とど》きやすいんだって。

ボストーク基地は厚さ3000メートル以上の氷の上にあるというよ

日本の歴代最低気温は、北海道旭川のマイナス41度だって（1902年1月25日）

【14】晴《は》れた空《そら》はなぜ青《あお》いの？

太陽《たいよう》の光《ひかり》の中《なか》に青《あお》い光《ひかり》がふくまれているんだ

晴《は》れた青空《あおぞら》の日《ひ》はうれしくなるよね。でも、どうして空《そら》が青《あお》いかを考《かんが》えたことはあるかな？　空《そら》が青《あお》いのは、太陽《たいよう》の光《ひかり》の中《なか》にある青《あお》い光《ひかり》が関係《かんけい》しているんだよ。

太陽《たいよう》の光《ひかり》には、赤色《あかいろ》、青色《あおいろ》、緑色《みどりいろ》、紫色《むらさきいろ》などさまざまな色《いろ》がふくまれている。太陽《たいよう》の光《ひかり》が地球《ちきゅう》に届《とど》くとき、大気《たいき》を通過《つうか》するんだけど、大気中《たいきちゅう》にある水蒸気《すいじょうき》や窒素《ちっそ》、酸素《さんそ》などの小《ちい》さな粒子《りゅうし》が波長《はちょう》（光《ひかり》の周《しゅう》期的《きてき》な長《なが》さ）の短《みじか》い青《あお》い光《ひかり》だけをつかまえて、いろんな方向《ほうこう》に放《ほう》り出《だ》すんだ。そうすると、青《あお》い光《ひかり》が空《そら》いっぱいに広《ひろ》がって、青《あお》く見《み》えるというよ。

朝焼《あさや》けや夕焼《ゆうや》けのときは、空《そら》が赤《あか》く見《み》えるよね。朝《あさ》や夕方《ゆうがた》は、太《たい》陽《よう》の光《ひかり》は大気《たいき》の中《なか》を長《なが》く通《とお》る＝左下図《ひだりしたず》。波長《はちょう》の短《みじか》い青《あお》い光《ひかり》は長《なが》い大《たい》気《き》の中《なか》でどんどん散《ち》ってしまうんだけど、波長《はちょう》の長《なが》い赤《あか》い光《ひかり》はぼくたちの目《め》に届《とど》くというわけなんだ。だから赤《あか》く見《み》えるらしいよ。

【15】

雲《くも》は何《なに》からできているの？

空気中《くうきちゅう》の水蒸気《すいじょうき》が冷《ひ》えてできるよ

わたあめのようにもくもくして空《そら》を泳《およ》ぐ雲《くも》。雲《くも》は、小《ちい》さな水《みず》や氷《こおり》の粒《つぶ》が集《あつ》まったものよ。この粒《つぶ》は、空気中《くうきちゅう》の水蒸気《すいじょうき》からできているの。目《め》に見《み》えない水蒸気《すいじょうき》が冷《ひ》えると、水《みず》や氷《こおり》の粒《つぶ》になるのよ。

空気《くうき》は、上空《じょうくう》にのぼっていくとふくらむわ。ふくらむ理由《りゆう》は、気圧《きあつ》が低《ひく》くなるから。飛行機《ひこうき》に乗《の》るとペットボトルがパンパンにふくれあがる、あの原理《げんり》と一緒《いっしょ》なの。空気《くうき》はふくらもうとエネルギーを使《つか》うことで、温度《おんど》が下《さ》がってしまうわ。そうすると、水蒸気《すいじょうき》が水《みず》や

氷《こおり》の粒《つぶ》になるの。
雲《くも》が多《おお》くできる場所《ばしょ》は、低《てい》気圧《きあつ》の近《ちか》くや、冷《つめ》たい空気《くうき》と暖《あたた》かい空気《くうき》がぶつかる「前線《ぜんせん》」などが挙《あ》げられるわ。空気《くうき》が上昇《じょうしょう》しやすいんだって。

雲の中はスカスカしているらしいから、残念ながら歩けないみたい

天気が悪いときにできる霧は、地上にできた雲らしいわ！

【16】

雨《あめ》はどうして降《ふ》るの？

雲《くも》の粒《つぶ》が大《おお》きくなって、重《おも》さに耐《た》えられなくなるから

雲《くも》の粒《つぶ》が集《あつ》まって重《おも》くなると、空《そら》にうかんでいられなくなって、地《ち》上《じょう》に落《お》ちてしまうよ。この落《お》ちてしまった粒《つぶ》が「雨《あめ》」なんだ。雲《くも》の粒《つぶ》は直径《ちょっけい》0・01～0・02ミリ。雨粒《あまつぶ》は直径《ちょっけい》0・1ミリより大《おお》きいものだから、うかんでいる雲《くも》の粒《つぶ》がとても小《ちい》さいことがわかるね。

空《そら》に雲《くも》が大量《たいりょう》に広《ひろ》がっているからといって、雨《あめ》が降《ふ》るわけではないよ。雨《あめ》が降《ふ》る雲《くも》は、積乱雲《せきらんうん》や乱層雲《らんそううん》という、水分《すいぶん》が多《おお》く、太陽《たいよう》の光《ひかり》もさえぎるくらいのぶ厚《あつ》い雲《くも》なんだ。

これが雲の粒だったのね

冬《ふゆ》になると雪《ゆき》が降《ふ》るね。雪《ゆき》は、空《そら》から降《ふ》ってきた氷《こおり》の粒《つぶ》が溶《と》けずにそのまま降《ふ》ってくるものなんだ。

夏《なつ》に水不足《みずぶそく》が心配《しんぱい》される中国《ちゅうごく》などでは、必要《ひつよう》に応《おう》じて人工的《じんこうてき》に雨《あめ》を降《ふ》らせることもあるみたいだよ。ドライアイスやヨウ化銀《かぎん》といった、水蒸気《すいじょうき》を固《かた》まらせる物質《ぶっしつ》を雲《くも》にばらまいて、雨《あめ》を降《ふ》りやすくさせるんだって。日本でも実《じっ》験《けん》が行《おこな》われているらしいよ。

直径0・5ミリ以下だと、「霧雨」とよばれるみたい

雷雨のときの雨粒は約3ミリ、強い雨は約2ミリの大きさらしいよ

【17】

雷《かみなり》はどうして起《お》きるの？

プラスとマイナスの電気《でんき》が引《ひ》き合《あ》うよ

「ピカッ」と突然空《とつぜんそら》が光《ひか》って、ゴロゴロと鳴《な》り響《ひび》く、雷《かみなり》。ときには、とてつもない音《おと》を出《だ》して地上《ちじょう》に落《お》ちるわね。雷《かみなり》は、雲《くも》の中《なか》にある氷《こおり》の粒《つぶ》が激《はげ》しくこすれ合《あ》うことで起《お》こるの。

氷《こおり》の粒《つぶ》がこすれ合《あ》うと、電気《でんき》が生《う》まれるわ。プラスの電気《でんき》は雲《くも》の上《うえ》の方《ほう》へ行《い》き、雲《くも》の下《した》の方《ほう》にはマイナスの電気《でんき》が集《あつ》まるの。マイナスの電気《でんき》が雲《くも》の下《した》に行《い》くと、地上《ちじょう》の地面《じめん》にはプラスの電気《でんき》がたまってくるんだって。雲《くも》の下《した》のマイナスと、地面《じめん》のプラスの電気《でんき》が引《ひ》き合《あ》うことでとてつもない電気《でんき》が流《なが》れてしまうというわ。ゴロゴロと鳴《な》る理由《りゆう》は、電気《でんき》の道《みち》となった空気《くうき》が、電気《でんき》の熱《ねつ》でふくらんで、周《まわ》りの空気《くうき》を振動《しんどう》させるからなの。

外《そと》にいたときに雷《かみなり》が鳴《な》ったら、木《き》の近《ちか》くには近《ちか》づかないように。高《たか》い木《き》には雷《かみなり》が落《お》ちやすいからね。安全《あんぜん》な建物《たてもの》や車《くるま》の中《なか》へにげるのがいいらしいわ。

電気は空気中を
移動しにくいけど、
雷は一瞬で移動する
現象なんだって

雷が鳴ったら
すぐ屋内に
にげないと！

【18】

虹《にじ》はどうしてできるの?

雨《あめ》の水滴《すいてき》と太陽《たいよう》の光《ひかり》が関係《かんけい》しているよ

雨《あめ》がやんだ後《あと》に空《そら》の晴《は》れ間《ま》に出《で》る虹《にじ》。見《み》つけると思《おも》わずうれしくなるよね。虹《にじ》は、雨《あめ》の水滴《すいてき》に太陽《たいよう》の光《ひかり》が反射《はんしゃ》してできるものなんだ。雨上《あめあ》がりには空気中《くうきちゅう》にたくさんの水滴《すいてき》がうかんでいる。太陽《たいよう》の光《ひかり》が水滴《すいてき》の中《なか》を通《とお》るとき、光《ひかり》は反射《はんしゃ》をしたり、折《お》れ曲《ま》がったり(屈折《くっせつ》)するんだ。色《いろ》が見《み》えるのは、太陽《たいよう》の光《ひかり》の中《なか》にあるたくさんの色《いろ》が分《ぶん》解《かい》するからだよ。虹《にじ》は太陽《たいよう》の光《ひかり》が反射《はんしゃ》して起《お》こる現象《げんしょう》だから、太陽《たいよう》を背《せ》にした方向《ほうこう》に現《あらわ》れるみたい。

虹《にじ》の色《いろ》は7色《しょく》というけど、実際《じっさい》は7色《しょく》じゃなくて、中間《ちゅうかん》の色《いろ》などもあるというよ。一般的《いっぱんてき》に7色《しょく》といわれている色《いろ》は、外側《そとがわ》から赤《あか》、オレンジ、黄色《きいろ》、緑《みどり》、青《あお》、藍《あい》、紫《むらさき》だ。よく見《み》られる虹《にじ》を「主虹《しゅこう》」というんだけど、主虹《しゅこう》の外側《そとがわ》に色《いろ》の順番《じゅんばん》が逆《ぎゃく》になった「副虹《ふくこう》」を見《み》られることもあるよ。

水滴が大きいほど、
虹がくっきり
見えるんだって

虹が出たら、
どんな色があるか
見てみましょう

【19】風《かぜ》はどうしてふくの？

空気《くうき》が動《うご》いている証拠《しょうこ》よ

風《かぜ》は、空気《くうき》の流《なが》れによって起《お》こるわ。空気《くうき》は温度《おんど》によって動《うご》き方《かた》がちがうの。暖《あたた》かい空気《くうき》は軽《かる》くて上《うえ》に上《あ》がっていくと、そのあとに周《まわ》りから空気《くうき》が流《なが》れこむわ。冷《つめ》たい空気《くうき》は重《おも》くなって下《した》に下《さ》がっていき、同《おな》じことが起《お》こるの。この空気《くうき》の動《うご》きが「風《かぜ》」よ。

この原理《げんり》で海岸《かいがん》でふく風《かぜ》は、昼《ひる》と夜《よる》でふく方向《ほうこう》が変《か》わるわ。昼《ひる》は海《うみ》から陸《りく》へふく「海風《うみかぜ》」が、夜《よる》は陸《りく》から海《うみ》へふく「陸風《りくかぜ》」がふくの。これは、陸《りく》が海《うみ》よりも温《あたた》まりやすく冷《さ》めやすいからなんだって。昼《ひる》、

海風
気持ちいいねー

陸《りく》は太陽《たいよう》の光《ひかり》で温度《おんど》が高《たか》くなるわ。夜《よる》は、太陽《たいよう》の光《ひかり》がなくなるから陸《りく》は温度《おんど》が低《ひく》くなるの。

風《かぜ》には季節《きせつ》や特徴《とくちょう》によってさまざまな名前《なまえ》がつけられているわ。「春一番《はるいちばん》」は、立春《りっしゅん》から春分《しゅんぶん》の間《あいだ》で、その年《とし》に初《はじ》めてふく南《みなみ》からの強《つよ》い風《かぜ》。「木枯《こが》らし」は、秋《あき》の終《お》わりにふく冷《つめ》たい風《かぜ》で、冬《ふゆ》の訪《おとず》れを教《おし》えてくれるの。

風で季節を
感じられるって
いいね

風速15メートルは、
1秒間に15メートル
空気が動くという
意味らしいわ

天気《てんき》のあれこれ

天気予報《てんきよほう》で今日《きょう》や明日《あす》の天気《てんき》を確認《かくにん》するね。
意外《いがい》と知《し》らない、天気《てんき》のあれこれを見《み》ていこう

一時雨《いちじあめ》と時々雨《ときどきあめ》のちがいって？

雨《あめ》が降《ふ》る時間《じかん》の長《なが》さから区別《くべつ》されているよ。

一時雨《いちじあめ》 予報期間《よほうきかん》の4分《ぶん》の1より短《みじか》い時間《じかん》で雨《あめ》がつづけて降《ふ》ること

時々雨《ときどきあめ》 雨《あめ》が降《ふ》ったりやんだりする合計時間《ごうけいじかん》が予報期間《よほうき》間《かん》の2分《ぶん》の1より短《みじか》いこと

「ぐずついた天気《てんき》」って？

天気予報《てんきよほう》で、「ぐずついた天《てん》気《き》になるでしょう」といっているのを聞《き》いたことがあるかもしれないね。「ぐずついた天気《てんき》」とは、くもりや雨《あめ》（雪《ゆき》）の日《ひ》が2～3日以上《にちいじょう》つづくことをいうんだって。

晴《は》れとくもりの境目《さかいめ》はどこ？

晴《は》れとくもりのちがいは「雲《くも》が空《そら》をおおう割合《わりあい》」だよ。雲《くも》の量《りょう》が0～1の割合《わりあい》だと「快晴《かいせい》」、2～8割《わり》だと「晴《は》れ」、9～10割《わり》だと「くもり」と決《き》まっているんだ。

どうやって予報《よほう》しているの？

天気《てんき》を予報《よほう》するために、さまざまなところで観測《かんそく》を行《おこな》っているよ。

①気象台《きしょうだい》・測候所《そっこうじょ》

横浜地方気象台《よこはまちほうきしょうだい》（神奈川県《かながわけん》）

全国約《ぜんこくやく》60か所《しょ》にある。気圧《きあつ》、気温《きおん》、湿度《しつど》、風向《ふうこう》、風速《ふうそく》、降水量《こうすいりょう》、積雪《せきせつ》の深《ふか》さ、降雪《こうせつ》の深《ふか》さ、日照時間《にっしょうじかん》、日射量《にっしゃりょう》、雲《くも》、大気《たいき》などを観測《かんそく》しているよ。

②アメダスの観測所《かんそくじょ》

恵庭島松《えにわしままつ》のアメダス観測所《かんそくじょ》（北海道《ほっかいどう》）

全国約《ぜんこくやく》1300か所《しょ》にある。主《おも》に降水量《こうすいりょう》を観測《かんそく》しているよ。約《やく》840か所《しょ》は、気温《きおん》や風速《ふうそく》、風向《ふうこう》、日照時間《にっしょうじかん》なども観測《かんそく》している。

③気象衛星《きしょうえいせい》

©朝日新聞社

静止気象衛星《せいしきしょうえいせい》「ひまわり」が、上空《じょうくう》約《やく》3万《まん》5800キロメートルで、地球《ちきゅう》の周《まわ》りを回《まわ》りながら、雲《くも》の観測《かんそく》を行《おこな》っている。写真《しゃしん》は、ひまわりと交信《こうしん》するアンテナ。

④気象《きしょう》レーダー

車山気象《くるまやまきしょう》レーダー観測所《かんそくじょ》（長野県《ながのけん》）

アンテナを回転《かいてん》させながら電波《でんぱ》を発射《はっしゃ》し、半径数百《はんけいすう》キロメートルに存在《そんざい》する雨《あめ》や雪《ゆき》を観測《かんそく》している。全国《ぜんこく》20か所《しょ》に設置《せっち》している。

⑤高層気象観測《こうそうきしょうかんそく》

上空《じょうくう》の気温《きおん》や湿度《しつど》、気圧《きあつ》、風向《ふうこう》、風速《ふうそく》を計測《けいそく》している。

写真：①PIXTA提供　②札幌管区気象台提供　④長野地方気象台提供

れんとせいのSOS！

雲《くも》をながめてみよう！

うす雲《ぐも》（巻層雲《けんそううん》）

ベールのようなとてもうすい雲《くも》。気《き》づきにくいよ。

入道雲《にゅうどうぐも》（積乱雲《せきらんうん》）

もくもくと、夏《なつ》の空《そら》によく見《み》られる雲《くも》。でも大雨《おおあめ》や雷《かみなり》、ひょうなど、自然災害《しぜんさいがい》につながる現象《げんしょう》を引《ひ》き起《お》こすこわい雲《くも》なんだ。雷雲《かみなりぐも》ともよばれるよ。

雨雲《あまぐも》（乱層雲《らんそううん》）

雨《あめ》や雪《ゆき》を降《ふ》らせる雲《くも》だよ。昼間《ひるま》でもうす暗《ぐら》いんだ。

くもり雲《ぐも》（層積雲《そうせきうん》）

決《き》まった形《かたち》がない雲《くも》で、最《もっと》もよく見《み》られる雲《くも》の一つだ。

雲《くも》を見《み》て、一休《ひとやす》みしようか。
雲《くも》の種類《しゅるい》は、大《おお》きく分《わ》けて10種類《しゅるい》もあるよ！

高《たか》さでも3分類《ぶんるい》できるけど、積乱雲《せきらんうん》と積雲《せきうん》は、
低《ひく》いところから高《たか》いところまで発達《はったつ》するというわ

上《じょう》層《そう》雲《うん》

すじ雲《ぐも》（巻雲《けんうん》）

氷《こおり》の粒《つぶ》でできた真《ま》っ白《しろ》くて、すじのような雲《くも》。秋晴《あきば》れの青空《あおぞら》によく見《み》られる。

うろこ雲《ぐも》（巻積雲《けんせきうん》）

白《しろ》い泡《あわ》のように見《み》える雲《くも》。魚《さかな》のうろこに見立《みた》てているよ。いわしの群《む》れに見立《みた》てて、いわし雲《ぐも》とよばれることも。

中《ちゅう》層《そう》雲《うん》

ひつじ雲《ぐも》（高積雲《こうせきうん》）

上空《じょうくう》5000メートル付《ふ》近《きん》でできる。ひつじが群《む》れているように見《み》えるよ。

おぼろ雲《ぐも》（高層雲《こうそううん》）

空《そら》をねずみ色《いろ》にする雲《くも》。太陽《たいよう》が雲《くも》を通《とお》しておぼろげに見《み》えることから「おぼろ雲《ぐも》」とよばれているよ。

下《か》層《そう》雲《うん》

わた雲《ぐも》（積雲《せきうん》）

上面《じょうめん》がドーム状《じょう》に盛《も》り上《あ》がっているのが特徴《とくちょう》。晴《は》れて風《かぜ》がおだやかな日《ひ》に見《み》られる。

霧雲《きりぐも》（層雲《そううん》）

低《ひく》いところに発生《はっせい》する。太陽《たいよう》の輪郭《りんかく》ははっきり見《み》えるけど、山《やま》などをかくしてしまう。

【20】

しんきろうはどうして起《お》こるの？

温度差《おんどさ》で引《ひ》き起《お》こされる光《ひかり》の屈折《くっせつ》で起《お》こるよ

しんきろうは、地上《ちじょう》や海上《かいじょう》の風景《ふうけい》がうかんだり、のびたり、ときには逆《さか》さまに見《み》える現象《げんしょう》のこと。光《ひかり》の屈折《くっせつ》で起《お》こるんだ。冷《つめ》たい空《くう》気《き》の上《うえ》に暖《あたた》かい空気《くうき》が流《なが》れこんだり、暖《あたた》かい空気《くうき》の上《うえ》に冷《つめ》たい空気《くうき》が入《はい》ったりすると、空気《くうき》の境目《さかいめ》で光《ひかり》の屈折《くっせつ》が起《お》こるよ。

しんきろうは大《おお》きく2種類《しゅるい》に分《わ》けられる。春《はる》に起《お》こるしんきろうは、実際《じっさい》の風景《ふうけい》の上側《うえがわ》に逆《さか》さまになったり、のびたりした風景《ふうけい》が見《み》えるよ。一方《いっぽう》、冬《ふゆ》に起《お》こるしんきろうは、実際《じっさい》の風景《ふうけい》の下側《したがわ》に逆《さか》さまになった風景《ふうけい》が見《み》えるというよ。見《み》える形《かたち》は、そのときの気温《きおん》や、風《かぜ》などの条件《じょうけん》で変《か》わる。だから同《おな》じようなしんきろうはなかなか見《み》ることができないんだって。

あぶない…見つかるところだった
向こうにらいおむ隊長が見えたんだよ
だれもいないよしんきろうでもないし…
疲れてるんじゃない？
様子を見に来た→らいおむ隊長

しんきろうで有名《ゆうめい》な場所《ばしょ》は、富山県《とやまけん》魚津市《うおづし》。富山湾《とやまわん》に流《なが》れこむ冷《つめ》たい雪《ゆき》どけ水《みず》が、海面《かいめん》の空気《くうき》と上空《じょうくう》の空気《くうき》に温《おん》度差《どさ》を生《しょう》じさせるんだ。江戸時代以前《えどじだいいぜん》からしんきろうの名所《めいしょ》として知《し》られているよ。

暖かい日に発生することが多い「陽炎」（かげろう）も似た現象で、景色がゆらゆら見えるらしいよ

道路に水があるように見える現象は「逃げ水」というらしいわ

【21】オーロラはどうやって起《お》こるの？

太陽《たいよう》からの風《かぜ》と地球《ちきゅう》の大気《たいき》が関係《かんけい》しているわ

太陽《たいよう》からふき出《で》た太陽《たいよう》の風《かぜ》には、電気《でんき》を帯《お》びた粒子《りゅうし》があるわ。この粒子《りゅうし》が地球《ちきゅう》の大気《たいき》とぶつかると光《ひかり》を発《はっ》するの。この光《ひかり》が「オーロラ」よ。オーロラはアラスカやカナダ、北欧《ほくおう》など、緯度《いど》60～70度《ど》付《ふ》近《きん》のエリアで見《み》られるというわ。

限《かぎ》られた場所《ばしょ》でしか見《み》ることができないのは、地球《ちきゅう》の磁力《じりょく》が関係《かんけい》しているの。地球《ちきゅう》は大《おお》きな磁石《じしゃく》で、S極《エスきょく》が北極《ほっきょく》、N極《エヌきょく》が南極《なんきょく》となっているわ。太陽《たいよう》から地球《ちきゅう》にやってきた粒子《りゅうし》は、磁力《じりょく》の強《つよ》い北極《ほっきょく》と南《なん》極《きょく》に流《なが》れこむという説《せつ》があるの。でも、くわしいことはまだわかっていないのよ。

オーロラの色《いろ》は空《そら》の高《たか》さによって異《こと》なるわよ。高《たか》さが100～200キロメートル付近《ふきん》では緑色《みどりいろ》に、200～400キロメートル付近《ふきん》では赤色《あかいろ》になるというわ。

ちなみに、オーロラが起《お》こるのは地球《ちきゅう》だけじゃないの。木星《もくせい》や土星《どせい》でもオーロラが確認《かくにん》されているというわ。どの惑星《わくせい》も大気《たいき》と磁力《じりょく》がある惑星《わくせい》なんだって。

オーロラは昼間にも起こっているんだって。でも、見えるのは夜だけらしいよ

昔の人はオーロラを見てどう思ったんだろうね～！

【22】

海《うみ》の潮《しお》はどうして満《み》ちたり引《ひ》いたりするの？

主《おも》に月《つき》の引力《いんりょく》によって起《お》こるよ

海《うみ》では、海面《かいめん》の高《たか》さが高《たか》くなったり、低《ひく》くなったりする現象《げんしょう》が起《お》きる。この現象《げんしょう》は、主《おも》に月《つき》の引力《いんりょく》によるものだ。引力《いんりょく》とは、人《ひと》やものを引《ひ》きつける力《ちから》のことだよ。

月《つき》に面《めん》している側《がわ》では、月《つき》の引力《いんりょく》によって海面《かいめん》がもち上《あ》がるようになっている。それで潮《しお》が満《み》ちる「満《み》ち潮《しお》」になるよ。実《じつ》は反対側《はんたいがわ》でも、満《み》ち潮《しお》になるんだ。これは月《つき》の引力《いんりょく》の影響《えいきょう》は少《すく》ないけど、地《ち》球《きゅう》の自転《じてん》の遠心力《えんしんりょく》（中心《ちゅうしん》から遠《とお》ざかる向《む》きに働《はたら》く力《ちから》）が働《はたら》くためだ

よ。地球《ちきゅう》と月《つき》、太陽《たいよう》が一直線《いっちょくせん》に並《なら》ぶ満《まん》月《げつ》や新月《しんげつ》のときには、太陽《たいよう》の引力《いんりょく》も加《くわ》わるから潮《しお》の満《み》ち引《ひ》きが大《おお》きくなるというよ。

海面《かいめん》が低《ひく》くなる「干潮《かんちょう》」になる場合《ばあい》は、月《つき》と直角《ちょっかく》の方向《ほうこう》にあるときなんだって。満潮《まんちょう》と干潮《かんちょう》は、1日《にち》に2回《かい》起《お》こるよ。これは地球《ちきゅう》が1日《にち》に1回《かい》自転《じてん》するからなんだ。

海面の高さを変えるなんて、月の引力ってすごいな

干潮のときは、潮干狩りが楽しめるわよね！

【23】

風船《ふうせん》はどうしてうくの？

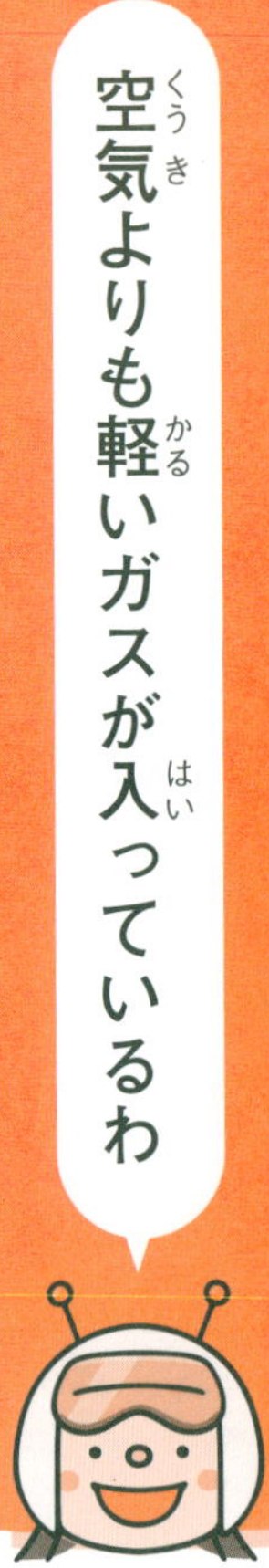

風船《ふうせん》の中《なか》には、「ヘリウム」というガスが入《はい》っているわ。風船《ふうせん》がうかぶのは、このヘリウムが空気《くうき》よりも軽《かる》いからなの。空《そら》に飛《と》ばされてしまった風船《ふうせん》がどこまでも飛《と》んでいくかといったら、そうじゃないわ。ゴム風船《ふうせん》なら、約《やく》８キロメートルの高《たか》さまでにしか飛《と》んでいけないといわれているの。気温《きおん》が低《ひく》くなって風船《ふうせん》がこおってしまうと割《わ》れてしまったり、雲《くも》の中《なか》に入《はい》って水滴《すいてき》がつくと重《おも》くなったりするから、そんなに飛《と》ばないみたい。

ちなみに、２０１７年10月、南《みなみ》アフリカで、イギリス人《じん》のトム・モーガンさんが風船《ふうせん》を100個《こ》くくりつけたイスで空《そら》を飛《と》んだというわ。すごいわよね！（危険《きけん》だから、みんなはマネしないでね）

ヘリウムを使《つか》ってうくものは風船《ふうせん》の他《ほか》に、「ガス気球《ききゅう》」や「飛行船《ひこうせん》」があるわ。どちらも大《おお》きな風船《ふうせん》の部分《ぶぶん》にヘリウムなどのガスを入《い》れているの。気球《ききゅう》や飛行船《ひこうせん》なら空《そら》の旅《たび》を楽《たの》しめそうね。

どこまで飛んでいくんだろう
気球で追いかけてみましょう

飛行船にはエンジンやプロペラの装置がついているから舵がとれるんだって！

気球には、炎の熱で温めてうかばせる「熱気球」もあるわ

24

岩石《がんせき》はどうやってできるの？

マグマが冷《ひ》えたり、海《うみ》の底《そこ》にたまったりしてできたものだよ

岩石《がんせき》は大《おお》きく２種類《しゅるい》に分《わ》けられるよ。一つは、火山《かざん》からふき出《で》たマグマが冷《ひ》えてできた「火成岩《かせいがん》」といわれるものだ。火成岩《かせいがん》は、マグマが冷《ひ》えて結晶《けっしょう》となった鉱物《こうぶつ》からできている。結晶《けっしょう》とは平面《へいめん》に囲《かこ》まれた規則正《きそくただ》しい形《かたち》をした物質《ぶっしつ》のことだよ。宝石《ほうせき》に使《つか》われる鉱物《こうぶつ》もあるんだ。

もう一つは、「堆積岩《たいせきがん》」とよばれるものだ。堆積岩《たいせきがん》は、海底《かいてい》や湖《みずうみ》の底《そこ》で地層《ちそう》を作《つく》る堆積物《たいせきぶつ》が積《つ》もり重《かさ》なってできるよ。堆積物《たいせきぶつ》には、土《つち》

や砂《すな》、ときには生物《せいぶつ》の死《し》がいなどがある。長《なが》い年月《ねんげつ》の間《あいだ》に積《つ》み重《かさ》なるから、水分《すいぶん》がおし出《だ》されて固《かた》まるんだ。

川《かわ》にある岩石《がんせき》は、上流《じょうりゅう》の石《いし》は大《おお》きく角張《かくば》っているものが多《おお》いけど、川《かわ》の水《みず》に流《なが》されていくうちにけずられて、丸《まる》みを帯《お》びていくんだ。川《かわ》に行《い》ったときは、岩石《がんせき》の形《かたち》を観察《かんさつ》してみるとおもしろいかもね。

砂は岩石がけずれて小さくなったものらしいよ

岩石にもでき方にちがいがあるのね

【25】
地震《じしん》はどうして起《お》こるの？

岩盤《がんばん》がずれることで発生《はっせい》するよ

地震《じしん》が起《お》こる原因《げんいん》には大《おお》きく「プレート」と「活断層《かつだんそう》」があるよ。地球《ちきゅう》の表面《ひょうめん》は、14枚《まい》ほどの巨大《きょだい》な岩盤《がんばん》のプレートでおおわれている。プレート同士《どうし》がぶつかり、ずれたときの震動《しんどう》が地表《ちひょう》に伝《つた》わることで、ゆれが起《お》こるんだ。岩盤《がんばん》が破壊《はかい》された地域《ちいき》を「震源域《しんげんいき》」といって、範囲《はんい》が広《ひろ》いほど、大《おお》きな地震《じしん》になるよ。２０１１年に東北地方《とうほくちほう》を中心《ちゅうしん》に発生《はっせい》した東《ひがし》日本大震災《だいしんさい》の震源域《しんげんいき》は、なんと500キロメートルにおよんだんだって。ゆれが最初《さいしょ》に届《とど》く、震源《しんげん》の真上《まうえ》にある地点《ちてん》を

「震央《しんおう》」というよ。
　また、断層《だんそう》が動《うご》いて起《お》こる地震《じしん》もある。海《うみ》のプレートにおされた陸《りく》のプレートでは、地下《ちか》の岩盤《がんばん》に大《おお》きな力《ちから》がかけられる。この力《ちから》がたまると、岩盤《がんばん》がずれるんだ。これを「断層《だんそう》」といって、くり返《かえ》し動《うご》くことがある断層《だんそう》を「活断層《かつだんそう》」とよぶ。1995年に発《はっ》生《せい》した阪神《はんしん》・淡路大震災《あわじだいしんさい》は、活断層《かつだんそう》によって起《お》こった地震《じしん》だよ。

プレートは1年間に
数センチずつ
動いているんだって

日本には
約2000の
活断層が
あるというわ

地震大国《じしんたいこく》だからこそ知《し》っておきたい！

地震《じしん》のあれこれ

日本は地震《じしん》の多《おお》い国《くに》っていわれていると聞《き》いたけど、どうして？
その理由《りゆう》もふくめ、地震《じしん》についてくわしく見《み》ていこうか！

日本で地震《じしん》が多《おお》い理由《りゆう》って？

プレートが密集《みっしゅう》しているから！

　地震《じしん》はプレート同士《どうし》がぶつかり合《あ》うことで起《お》こると説明《せつめい》したね。日本でなぜ地震《じしん》が多《おお》いかというと、このプレートが日本付近《ふきん》に4枚《まい》もあるからなんだ。陸《りく》のプレートとよばれる「ユーラシアプレート」「北《きた》アメリカプレート」、海《うみ》のプレートとよばれる「太平洋《たいへいよう》プレート」「フィリピン海《かい》プレート」がぶつかり合《あ》っているよ。4枚《まい》ものプレートがぶつかり合《あ》っているのは、世界的《せかいてき》にもまれなんだ。

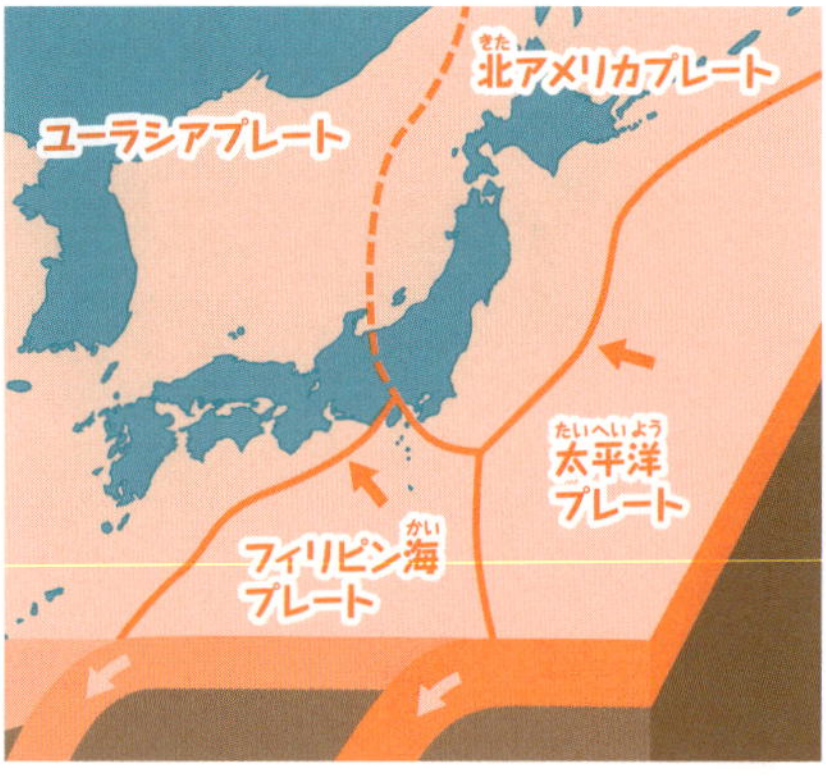
北《きた》アメリカプレート
ユーラシアプレート
太平洋《たいへいよう》プレート
フィリピン海《かい》プレート

地震《じしん》は同《おな》じ場所《ばしょ》で起《お》こるもの？

規模《きぼ》の大《おお》きな地震《じしん》は、くり返《かえ》し同《おな》じような場所《ばしょ》で起《お》こるというのが、文献《ぶんけん》や調査《ちょうさ》からわかっているよ。

東海地方《とうかいちほう》から紀伊半島《きいはんとう》、四国《しこく》にかけての南方《なんぽう》にある地形《ちけい》「南海《なんかい》トラフ」の周《まわ》りでは、およそ100～150年《ねん》に1回《かい》の割合《わりあい》でマグニチュード8クラスの大《おお》きな地震《じしん》が発生《はっせい》しているとわかっているんだ。

地震《じしん》の名前《なまえ》のつけ方《かた》って？

気象庁《きしょうちょう》では、地震《じしん》の規模《きぼ》や被害《ひがい》が大《おお》きい場合《ばあい》に、将来《しょうらい》に記憶《きおく》しておくよう地震《じしん》の名前《なまえ》をつけている。みんながよく耳《みみ》にしている名前《なまえ》は、気象庁《きしょうちょう》とは別《べつ》に政府《せいふ》がつけている名前《なまえ》かもしれないね。

例《れい》

政府《せいふ》がつけた名前《なまえ》	気象庁《きしょうちょう》がつけた地震名《じしんめい》
阪神《はんしん》・淡路大震災《あわじだいしんさい》	平成《へいせい》7年(1995年)兵庫県南部地震《ひょうごけんなんぶじしん》
東《ひがし》日本大震災《だいしんさい》	平成《へいせい》23年(2011年)東北地方太平洋沖地震《とうほくちほうたいへいようおきじしん》

右《みぎ》の条件《じょうけん》に当《あ》てはまる場合《ばあい》に、「元号《げんごう》（西暦年《せいれきねん》）＋地震《じしん》が起《お》こった地域名《ちいきめい》＋地震《じしん》」で名前《なまえ》をつけているようだよ。

❶地震《じしん》の規模《きぼ》が大《おお》きい場合《ばあい》

陸《りく》：マグニチュード7.0以上《いじょう》（深《ふか》さ100キロメートル以浅《いせん》）、かつ最大震度《さいだいしんど》5弱以上《じゃくいじょう》

海《うみ》：マグニチュード7.5以上《いじょう》（深《ふか》さ100キロメートル以浅《いせん》）、かつ最大震度《さいだいしんど》5弱以上《じゃくいじょう》または津波《つなみ》2メートル以上《いじょう》

❷被害《ひがい》が大《おお》きい場合《ばあい》（全壊《ぜんかい》100棟以上《むねいじょう》など）

❸同《おな》じ地域《ちいき》でしきりに起《お》こり、被害《ひがい》が大《おお》きかった場合《ばあい》など

震度《しんど》とマグニチュードのちがいって？

ニュースでは、地震《じしん》が発生《はっせい》したときに「震度《しんど》」と「マグニチュード」という単位《たんい》が出《で》るね。マグニチュードは地震《じしん》の規模《きぼ》を表《あらわ》す値《あたい》だ。震度《しんど》は、各地域《かくちいき》の地震《じしん》のゆれの大《おお》きさを指《さ》すよ。震度《しんど》は震央付近《しんおうふきん》が大《おお》きく、震央《しんおう》から離《はな》れると、次第《しだい》に小《ちい》さくなるんだ。

この惑星《わくせい》、ど〜こだ!?

見《み》て、記念《きねん》にパズルを作《つく》ってみたわ。
惑星《わくせい》の部分《ぶぶん》だけ入《い》れていないから、二人に完成《かんせい》してもらおうかしら

せい、覚《おぼ》えてるよね…？

これは、思《おも》い出《だ》すしかないわね……

特別任務《とくべつにんむ》

選択肢《せんたくし》にある惑星《わくせい》は、左上《ひだりうえ》1〜5のどの部分《ぶぶん》に入《い》れたらよいだろう？

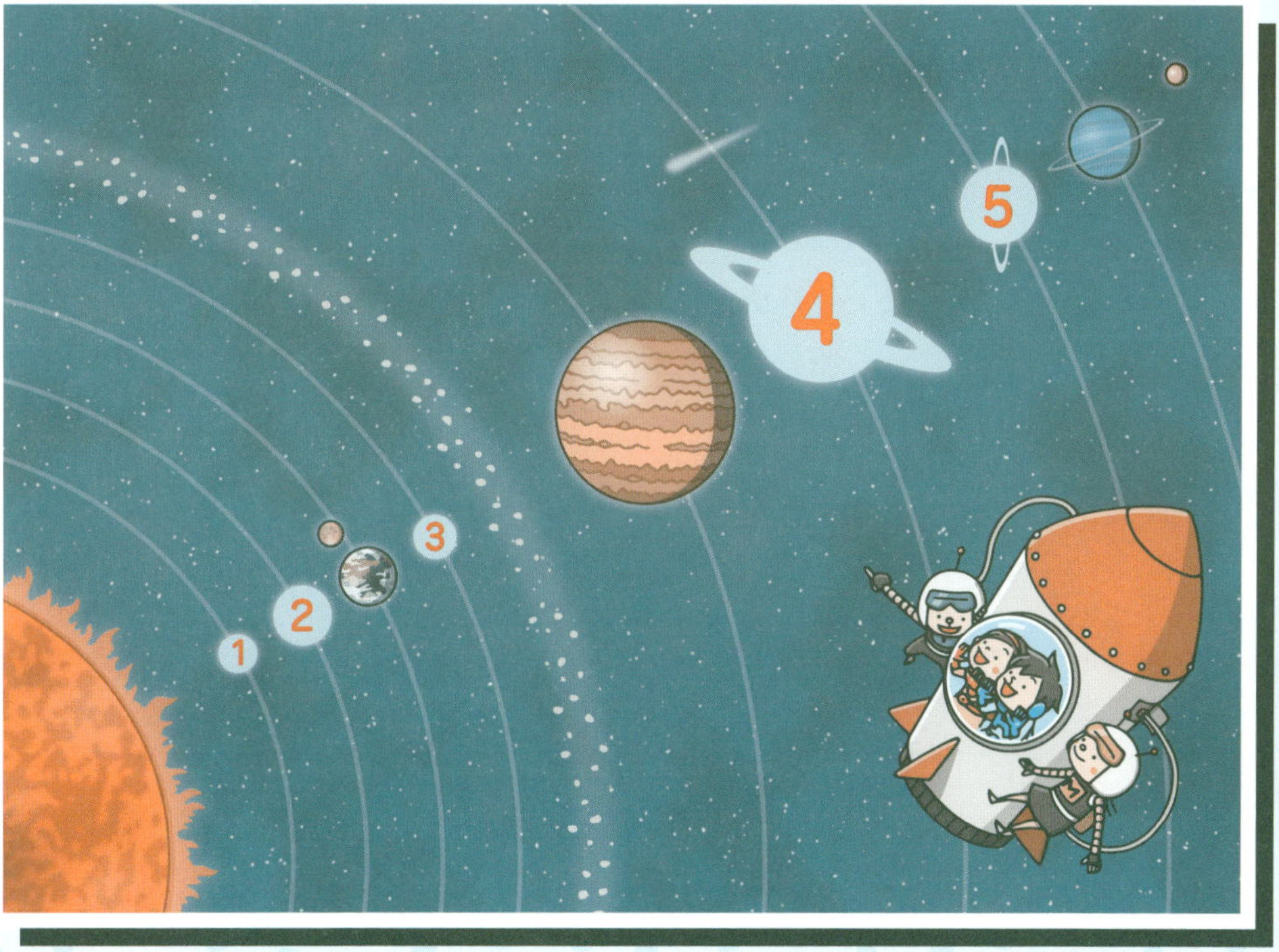

選択肢《せんたくし》

答《こた》えは80ページに！

本物《ほんもの》の科学者《かがくしゃ》、だ〜れだ!?

二人のために、地球《ちきゅう》にくわしい科学者《かがくしゃ》を一人連《つ》れてきたよ

待《ま》って、3人《にん》いるじゃない！

そのうち二人はにせの科学者《かがくしゃ》ってこと？

特別任務《とくべつにんむ》

地球《ちきゅう》についてくわしいと名乗《なの》る科学者《かがくしゃ》が3人《にん》いる。そのうち二人はにせの科学者《かがくしゃ》だよ。本物《ほんもの》の科学者《かがくしゃ》はどの人《ひと》だろう？

A博士《はかせ》

海《うみ》の満潮《まんちょう》や干潮《かんちょう》を研究《けんきゅう》しています。太陽《たいよう》の力《ちから》で海《うみ》が満《み》ちたり引《ひ》いたりするって、すごいですよね！　満潮《まんちょう》と干潮《かんちょう》は1日に2回《かい》も起《お》きるので、いつも観察《かんさつ》でいそがしいです。

B博士《はかせ》

みんなが大好《だいす》き、虹《にじ》やオーロラを専門《せんもん》にしています。虹《にじ》やオーロラは自然現象《しぜんげんしょう》ではなく、宇宙空間《うちゅうくうかん》にういている衛星《えいせい》から映《うつ》しているんですよ！

C博士《はかせ》

雨《あめ》について調《しら》べています。雲《くも》は小《ちい》さな水《みず》や氷《こおり》の粒《つぶ》が集《あつ》まっているもの。雲《くも》の粒《つぶ》が集《あつ》まって重《おも》くなり、地上《ちじょう》に落《お》ちてしまったものが雨《あめ》なんですよね。雨《あめ》の粒《つぶ》を見《み》るのが大好《だいす》きです！

答《こた》えは80ページに！

クイズの答《こた》え

れんとせいの特別任務《とくべつにんむ》①

図《ず》のとおり

れんとせいの特別任務《とくべつにんむ》②

選択問題《せんたくもんだい》

C博士《はかせ》

虹《にじ》やオーロラは、
衛星《えいせい》によるものじゃなくて、
自然現象《しぜんげんしょう》よね。
本物《ほんもの》の科学者《かがくしゃ》を見《み》つけられて
よかった！

満潮《まんちょう》や干潮《かんちょう》は
太陽《たいよう》の力《ちから》じゃなくて、
「月《つき》の引力《いんりょく》」によるもの
だったよね！

生《せい》活《かつ》のふしぎ

知《し》ってる？
身《み》のまわりにあるエネルギーのあれこれ

ズームアップ!
Zoom up!

エネルギーの種類《しゅるい》

位置《いち》エネルギー

重力《じゅうりょく》によって落《お》ちて、他《ほか》のものを動《うご》かす

運動《うんどう》エネルギー

他《ほか》のものを動《うご》かしたり、形《かたち》を変《か》えたりできる

熱《ねつ》エネルギー

ものの温度《おんど》を上《あ》げる

電気《でんき》エネルギー

電球《でんきゅう》を光《ひか》らせたり、モーターを回《まわ》したりする

光《ひかり》エネルギー

太陽《たいよう》からの光《ひかり》のように、周《まわ》りを明《あか》るくする

音《おと》エネルギー

鼓膜《こまく》を振動《しんどう》させて、音《おと》を感《かん》じる

核《かく》エネルギー

原子核《げんしかく》が分裂《ぶんれつ》したり融《ゆう》合《ごう》したりするときに放出《ほうしゅつ》される

化学《かがく》エネルギー

化学反応《かがくはんのう》で他《ほか》のエネルギー（電気《でんき》や熱《ねつ》、光《ひかり》など）に変《か》わることができる

身《み》のまわりのものは「エネルギー」なしじゃ語《かた》れないわ

エネルギーは、ものを動《うご》かす能力《のうりょく》のことをいうんだ。イギリスの物理学者《ぶつりがくしゃ》・ヤングが名《な》づけたというよ

エネルギーは別《べつ》なエネルギーに姿《すがた》を変《か》える！

たとえば、こんなとき！

運動《うんどう》エネルギーから熱《ねつ》エネルギーへ

寒《さむ》いとき、手《て》をこすり合《あ》わせて温《あたた》まろうとするときがあるね。これは、こする（運動《うんどう》する）ことで、熱《ねつ》を作《つく》っているんだ。

運動《うんどう》エネルギーから電気《でんき》エネルギーへ

電気《でんき》を作《つく》る「発電機《はつでんき》」のモーターは、タービンとよばれるものを回転《かいてん》させて（運動《うんどう》エネルギー）、電気《でんき》エネルギーに変換《へんかん》しているよ。

電気《でんき》エネルギーから運動《うんどう》エネルギーへ

扇風機《せんぷうき》は、電気《でんき》で回《まわ》している（動《うご》いている）よね。

蒸気機関《じょうききかん》

18世紀後半《せいきこうはん》から19世紀《せいき》のイギリスで、化石燃料《かせきねんりょう》の石炭《せきたん》を使《つか》った「蒸気機関《じょうききかん》」が使《つか》われるようになったよ。蒸気機関《じょうききかん》とは、燃料《ねんりょう》を燃《も》やし、水《みず》をふっとうさせてできた水蒸気《すいじょうき》の力《ちから》を利用《りよう》したものなんだ。20世紀《せいき》に入《はい》ってから電力《でんりょく》が使《つか》われるまで、産業《さんぎょう》や工業《こうぎょう》を支《ささ》える力《ちから》になったよ。

蒸気機関《じょうききかん》は、

化学《かがく》エネルギー → 熱《ねつ》エネルギー → 運動《うんどう》エネルギー

という形《かたち》でエネルギーが変《か》わっているんだ。

【26】電気《でんき》ってどうやって作《つく》られるの？

火《ひ》や水《みず》、自然《しぜん》の力《ちから》を使《つか》った発電方法《はつでんほうほう》があるよ

日本で一番多《いちばんおお》い発電方法《はつでんほうほう》は、液化天然《えきかてんねん》ガス、石油《せきゆ》、石炭《せきたん》などの化《か》石燃料《せきねんりょう》を使《つか》った火力発電《かりょくはつでん》だ。これらを燃《も》やして、水蒸気《すいじょうき》を作《つく》り、水《すい》蒸気《じょうき》の力《ちから》で、発電機《はつでんき》のタービンを回《まわ》して電気《でんき》を作《つく》るよ。

水力発電《すいりょくはつでん》は、ダムを使《つか》っている。高《たか》い位置《いち》にあるダムの水《みず》を低《ひく》い位置《いち》に流《なが》して、水《みず》の力《ちから》で発電機《はつでんき》のタービンを回《まわ》すんだ。太陽《たいよう》の光《ひかり》や熱《ねつ》、風力《ふうりょく》、地熱《ちねつ》など自然《しぜん》の力《ちから》を使《つか》った発電方法《はつでんほうほう》もある。これらは一《いち》度《ど》使《つか》っても再生《さいせい》できることから「再生可能《さいせいかのう》エネルギー」というよ。二《に》

地熱発電
水力発電
風力発電
火力発電
発電の方法もさまざまあるのね
原子力発電
太陽光発電

酸化炭素《さんかたんそ》を出《だ》さなかったり、資源《しげん》がなくならなかったりするメリットがあるから、進《すす》んで取《と》り入《い》れようという動《うご》きもあるんだ。

原子力発電《げんしりょくはつでん》は、核分裂《かくぶんれつ》で熱《ねつ》エネルギーを得《え》て水蒸気《すいじょうき》を作《つく》り、タービンを回《まわ》して発電《はつでん》する。発電《はつでん》によって生《しょう》じる核廃棄物《かくはいきぶつ》はとても有害《ゆうがい》なんだ。２０１１年の東《ひがし》日本大震災《だいしんさい》で福島県《ふくしまけん》にある福島第一原子力発電所《ふくしまだいいちげんしりょくはつでんしょ》の原《げん》子炉《しろ》がこわれる事故《じこ》が起《お》きたことがきっかけで、利用《りよう》が見直《みなお》されているよ。

再生可能なエネルギーに期待だね！

節電も心がけなきゃ

【27】LED《エルイーディー》ってどんな電気《でんき》なの？

半導体《はんどうたい》の一種《いっしゅ》で、省《しょう》エネなの！

LED《エルイーディー》は、「発光《はっこう》ダイオード」ともよばれる、電気《でんき》を通《とお》すと光《ひかり》を放《はな》つ半導体《はんどうたい》の一種《いっしゅ》よ。金属《きんぞく》のように、電気《でんき》をよく通《とお》すものを「導体《どうたい》」といって、ガラスなど電気《でんき》を通《とお》さないものは「絶縁体《ぜつえんたい》」というの。半《はん》導体《どうたい》はその中間《ちゅうかん》で、電気《でんき》が流《なが》れたり、流《なが》れなかったりするわ。LED《エルイーディー》に電流《でんりゅう》を流《なが》すと、プラスとマイナスの電気《でんき》が衝突《しょうとつ》するわ。そうすると、電気《でんき》エネルギーが光《ひかり》エネルギーに変《か》わるのよ。

白熱電球《はくねつでんきゅう》は、電気《でんき》エネルギーを目《め》に見《み》える光《ひかり》エネルギーに変《か》えて

利用《りよう》しているわ。だけど、多《おお》くが光《ひかり》エネルギーではなくて、熱《ねつ》エネルギーに変《か》わってしまうらしいの。対《たい》してLED《エルイーディー》は、発《はっ》熱《ねつ》が少《すく》ないわ。それにとても光《ひかり》が強《つよ》くて、消費電力《しょうひでんりょく》も少《すく》なく、長持《ながも》ちしやすいの。光《ひか》るまでに時間《じかん》がかからないから、信号《しんごう》機《き》や自動車《じどうしゃ》のテールランプにも使《つか》われているのよ。

たしかに
白熱電球って
さわると熱いよね

省エネが
できるって
ことね

【28】どうして、電話《でんわ》で遠《とお》くにいる人《ひと》と話《はな》せるの？

音《おと》を電気信号《でんきしんごう》に変《か》えて伝《つた》えているよ

電話《でんわ》は音《おと》を電気信号《でんきしんごう》に変《か》えて、遠《とお》くまで伝《つた》えることができる機械《きかい》だ。電話《でんわ》の原型《げんけい》を作《つく》ったのは、アメリカの発明家《はつめいか》グラハム・ベルだよ。１８７６年にベルが作《つく》った電話機《でんわき》は、声《こえ》で送話器《そうわき》の振動板《しんどうばん》をふるわせることで電磁石《でんじしゃく》に振動《しんどう》が伝《つた》わり、電磁石《でんじしゃく》が振動《しんどう》を電気信号《でんきしんごう》に変《か》える。そうすると、受話器《じゅわき》の振動板《しんどうばん》がふるえて声《こえ》が聞《き》こえるというものだった。このしくみはいまの電話《でんわ》の基本《きほん》になっているんだ。

いまでは、番号《ばんごう》をおせばすぐ相手《あいて》につながるけど、電話《でんわ》ができた

初期《しょき》は、電話《でんわ》をかける人《ひと》と電話《でんわ》を受《う》ける人《ひと》の間《あいだ》に、「交換手《こうかんしゅ》」とよばれる人《ひと》がいたんだよ。受話器《じゅわき》をあげると交換手《こうかんしゅ》につながって通話先《つうわさき》を伝《つた》えると、交換手《こうかんしゅ》がつないでくれるというしくみだったんだ。だから、初期《しょき》にはダイヤルがなかったよ。

日本で、自動的《じどうてき》につながるようになっていったのは、１９２６年ごろ。加入者《かにゅうしゃ》や、電話《でんわ》の利用回数《りようかいすう》が増《ふ》えるにしたがって、交換手《こうかんしゅ》が追《お》いつかなくなって自動化《じどうか》されたんだ。

日本で電話のサービスがはじまったのは、１８９０年なんだって

初期にはダイヤルがなかったなんてびっくり！

【29】テレビが映《うつ》るしくみって？

映像《えいぞう》を電気信号《でんきしんごう》に変《か》えて送信《そうしん》しているわ

テレビ画面《がめん》を虫《むし》メガネなどで拡大《かくだい》してみると、実《じつ》は赤《あか》・緑《みどり》・青《あお》の３色《しょく》が並《なら》んでいるって知《し》っているかしら？　３色《しょく》の組《く》み合《あ》わせと明《あか》るさを組《く》み合《あ》わせていろんな色《いろ》を作《つく》っているんだって。この３色《しょく》を「光《ひかり》の３原色《げんしょく》」というわ。

放送局《ほうそうきょく》ではこの３色《しょく》で作《つく》られた映像《えいぞう》を電気信号《でんきしんごう》に変《か》えているの。その電気信号《でんきしんごう》は、電波塔《でんぱとう》に送《おく》られるわ。そして電波塔《でんぱとう》から家庭《かてい》のアンテナに電波《でんぱ》が送信《そうしん》されるの。その電波《でんぱ》を受信《じゅしん》することで、家《いえ》のテレビに映像《えいぞう》が映《うつ》るようになっているのよ。

日本では、１９５３年２月１日にＮＨＫ《エヌエイチケー》が、同《おな》じ年《とし》の８月28日には日本テレビがテレビ放送《ほうそう》を開始《かいし》したというよ。地上波《ちじょうは》は、電波塔《でんぱとう》のように地上《ちじょう》にある施設《しせつ》を使《つか》っていることから「地上波《ちじょうは》」とよばれているの。ＢＳ《ビーエス》、ＣＳ《シーエス》などの衛星放送《えいせいほうそう》は、人工衛星《じんこうえいせい》を使《つか》って直接家庭《ちょくせつかてい》のアンテナに電波《でんぱ》を送《おく》っているわ。

ここから電波を飛ばしているんだよ
そんな役割があったのかぁ

日本のテレビの実験で最初に映ったのは「イ」なんだって

東京タワーや東京スカイツリーは、電波塔でもあるのね

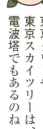

教《おし》えて！
デジタルとアナログのちがいって？

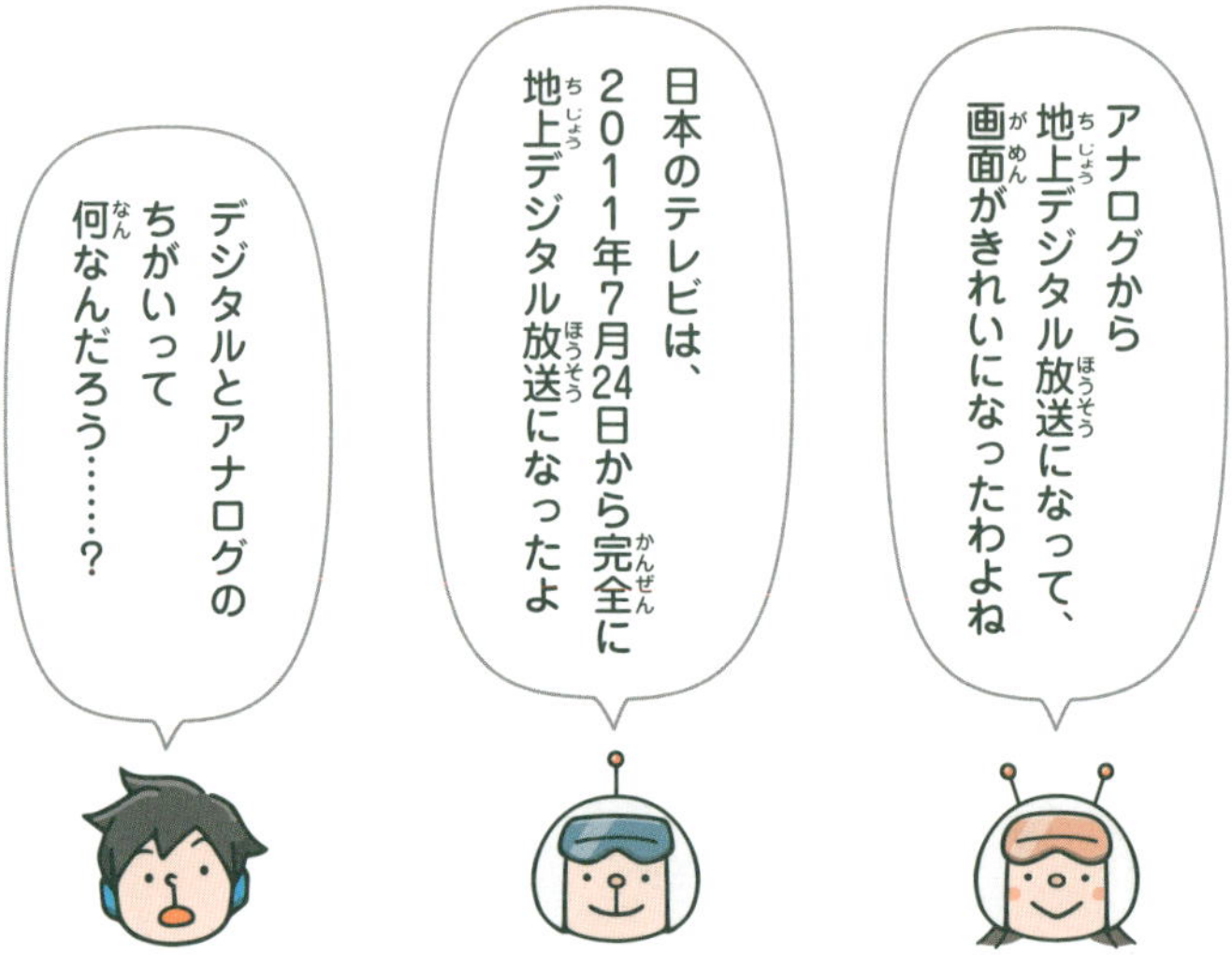
アナログから地上《ちじょう》デジタル放送《ほうそう》になって、画面《がめん》がきれいになったわよね
日本のテレビは、2011年7月24日から完全《かんぜん》に地上《ちじょう》デジタル放送《ほうそう》になったよ
デジタルとアナログのちがいって何《なん》なんだろう……？

アナログとは

連続的《れんぞくてき》に変化《へんか》している量《りょう》を表《あらわ》す。アナログ量《りょう》とよばれているよ。

デジタルとは

アナログ量《りょう》を「0」と「1」の数値《すうち》を組《く》み合《あ》わせて表現《ひょうげん》したもの。コンピューターで処理《しょり》がしやすいよ。

たとえば、アナログの時計《とけい》は連続的《れんぞくてき》に時刻《じこく》が変《へん》化《か》する。でもデジタルの時計《とけい》だと、1秒《びょう》の次《つぎ》は2秒《びょう》と、値《あたい》と値《あたい》の間《あいだ》がとびとびになっているんだ。

04:23 PM 56

どうして、デジタル化《か》が進《すす》められたの？

テレビを例《れい》にして考《かんが》えると、主《おも》に二つの理由《りゆう》があるよ。

① 電波《でんぱ》の混雑《こんざつ》を解消《かいしょう》するため

携帯電話《けいたいでんわ》やインターネットを使《つか》う人《ひと》が多《おお》くなったことで、電波《でんぱ》がとても混《こん》雑《ざつ》しているよ。情報量《じょうほうりょう》を少《すく》なくできるデジタルに切《き》りかえることで、スペースがあいた電波《でんぱ》は、将来《しょうらい》の携帯電話《けいたいでんわ》や、災害用《さいがいよう》のための通信《つうしん》などに使《つか》おうとしているんだ。

② きれいな映像《えいぞう》や音《おと》が可能《かのう》に！

デジタルの方《ほう》がアナログよりもきれいな映像《えいぞう》や音《おと》を受《う》けとることができるんだ。また番組《ばんぐみ》の情報《じょうほう》やニュース、気《き》象情報《しょうじょうほう》などを見《み》ることもできる機能《きのう》がついているよ。

デジタルの特徴《とくちょう》

- 複製《ふくせい》することが簡単《かんたん》、複製《ふくせい》してもデータが悪《わる》くならない
- 大量《たいりょう》の情報《じょうほう》を保存《ほぞん》できる
- もち運《はこ》びしやすい　　など

スマートフォン

カメラ

電子辞書《でんしじしょ》

DVD《ディーブイディー》

アナログの特徴《とくちょう》

- 直感的《ちょっかんてき》にとらえやすい（アナログ時計《どけい》、車《くるま》のメーターなど）
- 劣化《れっか》しやすい　　など

黒電話《くろでんわ》

カメラ
撮《と》った写真《しゃしん》はフィルムに記録《きろく》。写真《しゃしん》屋《や》で現像《げんぞう》して見《み》ることができたんだ

辞書《じしょ》

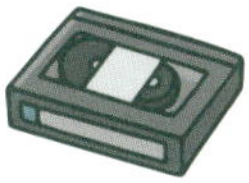
ビデオテープ

【30】インターネットをするためには、何《なに》が必要《ひつよう》なの？

ルーターやプロバイダーというものが必要《ひつよう》なんだ

複数《ふくすう》のコンピューターが互《たが》いの情報《じょうほう》をやりとりできることを「ネットワーク」というよ。インターネットは、網目《あみめ》のように世界中《せかいじゅう》のネットワークがつながっていることを指《さ》すんだ。情報《じょうほう》を検索《けんさく》することができたり、メールを送《おく》ったり動画《どうが》を見《み》たりすることができるよ。

外《そと》のネットワークとつながるためには、「ルーター」とよばれる複《ふく》数《すう》のネットワークに接続《せつぞく》する装置《そうち》や、「プロバイダー」というサービスの利用《りよう》が必要《ひつよう》になる。プロバイダーはインターネットの窓口《まどぐち》をし

らいおむ隊長の
昔を検索してみよう
らいおむ隊長　昔
ドクガクレンジャー
になるためにはを検索してよー
PC

ている通信業者《つうしんぎょうしゃ》で、インターネットに接続《せつぞく》をするための回線設備《かいせんせつび》を提供《ていきょう》しているんだ。異《こと》なるプロバイダーとも通信回線《つうしんかいせん》で結《むす》ばれているから、プロバイダーが異《こと》なるものでも、メールやホームページを見《み》ることはできるよ。

もともと、インターネットは1969年にアメリカが軍事目的《ぐんじもくてき》で開発《かいはつ》したもの。生活《せいかつ》の中《なか》に入《はい》りこんできたのは1990年代《ねんだい》に入《はい》ってからだから、つい最近《さいきん》のことなんだ。

軍事目的だったとは知らなかった！

日本では、1984年に東京大学、東京工業大学、慶應義塾大学がインターネットの研究をはじめたらしいわ

れんとせいのSOS!

教《おし》えて！ 通信技術《つうしんぎじゅつ》の歴史《れきし》

電話《でんわ》に、インターネット。情報《じょうほう》をやりとりする機械《きかい》ってたくさんあるのね

情報《じょうほう》をやりとりする、情報通信技術《じょうほうつうしんぎじゅつ》のことを「IT《アイティー》」というよ

IT《アイティー》は、「Information《インフォメーション》 Technology《テクノロジー》」の略《りゃく》よ

情報《じょうほう》のやりとりの手段《しゅだん》がどのように変《か》わっていったかを知《し》りたいな

大昔《おおむかし》の通信手段《つうしんしゅだん》

言葉《ことば》

文字《もじ》や絵《え》

煙《けむり》や音《おと》

◎マラソンの起源《きげん》は、情報《じょうほう》を伝《つた》えるためだった!?

紀元前《きげんぜん》490年ごろに、ギリシャ軍《ぐん》とペルシャ軍《ぐん》の間《あいだ》で「マラトンの戦《たたか》い」が起《お》こった。ギリシャ軍《ぐん》の兵士《へいし》がペルシャ軍《ぐん》に勝《か》ったことを伝《つた》えるために、故郷《こきょう》のアテナイまでの約《やく》40キロを走《はし》ったというよ。この兵士《へいし》は任務《にんむ》を果《は》たすと息《いき》を引《ひ》きとってしまったという逸話《いつわ》があるんだ。

◎手紙《てがみ》

紙《かみ》ができると、手紙《てがみ》による通信《つうしん》が普及《ふきゅう》したよ。古代《こだい》エジプトでは手紙《てがみ》を送《おく》るときに伝書《でんしょ》バトを使《つか》ったという記《き》録《ろく》が残《のこ》っている。

◎駅伝制《えきでんせい》

中央政府《ちゅうおうせいふ》と地方《ちほう》が連絡《れんらく》、通信《つうしん》をするために設《もう》けられた交通制度《こうつうせいど》。置《お》かれた駅《えき》に、人《ひと》、車馬《しゃば》などが設《せつ》備《び》されていた。世界各地《せかいかくち》に存在《そんざい》していたとされている。日本古代《こだい》の駅伝制《えきでんせい》は7世紀《せいき》に確立《かくりつ》している。

電信《でんしん》のはじまり

1837年	アメリカの科学者《かがくしゃ》モールスが、「モールス信号《しんごう》」という電信機《でんしんき》を発《はつ》明《めい》。送信《そうしん》キーで短《みじか》い音《おと》の「トン」、長《なが》い音《おと》の「ツー」を組《く》み合《あ》わせるだけで、アルファベットや数字《すうじ》、記号《きごう》を表《あらわ》すことができるんだ。五十音《ごじゅうおん》の信号《しんごう》もあるよ。

電話《でんわ》の登場《とうじょう》

1876年	グラハム・ベルが電話機《でんわき》を発明《はつめい》する
1878年	日本で初《はじ》めて電話機《でんわき》が作《つく》られる
1960年代後半《ねんだいこうはん》	ボタン式《しき》の電話《でんわ》「プッシュホン」が登場《とうじょう》する
1970年	携帯電話《けいたいでんわ》の原点《げんてん》「ワイヤレステレホン」が大阪万博《おおさかばんぱく》で展示《てんじ》される
1985年	日本でショルダーホンが登場《とうじょう》する
1987年	日本で携帯電話《けいたいでんわ》サービスがはじまる
1994年	日本で携帯電話《けいたいでんわ》の販売《はんばい》がはじまる
2005年ごろ	日本にスマートフォンが登場《とうじょう》しはじめる

3キロもの重《おも》さがあったよ

これまでは、レンタルしかなかったよ

日本でインターネットの商用利用《しょうようりよう》がはじまったのは、1990年代前半《ねんだいぜんはん》だよ

【31】エレベーターはどうやって動《うご》いているの？

「つるべ式《しき》」という作《つく》りのエレベーターが一般的《いっぱんてき》だよ

エレベーターはなんと約《やく》２２００年前《ねんまえ》には作《つく》られていたって知《し》ってた？ 古代《こだい》ギリシャの発明家《はつめいか》・アルキメデスが、紀元前《きげんぜん》236年に人《ひと》がロープを引《ひ》っ張《ぱ》って上《あ》げ下《さ》げをするエレベーターを作《つく》っていたそうよ。人《ひと》の力《ちから》から蒸気《じょうき》の力《ちから》を使《つか》うようになったのは、１８３５年なんだ。

いまのエレベーターの基本的《きほんてき》な作《つく》りはロープ式《しき》エレベーターの「つるべ（トラクション）式《しき》」。１９００年代《ねんだい》に入《はい》ってから作《つく》られたわ。

井戸《いど》のつるべのように、人《ひと》が乗《の》る「かご」とロープで結《むす》ばれた「つり合《あ》いおもり」で重《おも》さのバランスをとり、巻《ま》き上《あ》げ機《き》（電動《でんどう》モーター）で上《あ》げたり下《さ》げたりしているの。この方式《ほうしき》のエレベーターが作《つく》られたことで、高層《こうそう》ビルの建築《けんちく》が可能《かのう》になったともいわれているわ。

紀元前から あったなんて おどろいたよ！

地震が起こったときには緊急停止するらしいわ。避難のときには使っちゃいけないんだって

【32】エスカレーターはどうやって動《うご》いているの？

ふみ段《だん》が上《うえ》まで行《い》くと、また下《した》へ回《まわ》ってくるんだ

エレベーターと同《おな》じく上《のぼ》り下《お》りを楽《らく》にしてくれるエスカレーターは、動《うご》く階段《かいだん》のようなもの。エスカレーターのしくみも見《み》てみよう。みんなが足《あし》を乗《の》せる部分《ぶぶん》を、ふみ段《だん》（ステップ）というよ。ふみ段《だん》は、チェーンで連結《れんけつ》されていて、さらに上部《じょうぶ》に設置《せっち》されたモーターと駆動《くどう》チェーンで結《むす》ばれ、動《うご》いているんだ。また、ふみ段《だん》には大小《だいしょう》二つのローラーがついていて、２本《ほん》のレールの上《うえ》をそれぞれ走《はし》っているんだって。下《お》りるところで平《たい》らになったふみ段《だん》は、裏側《うらがわ》を通《とお》っ

て、また乗《の》る場所《ばしょ》から出《で》てくるそうだ。傾斜《けいしゃ》は30度《ど》が一般的《いっぱんてき》だというよ。

エスカレーターの乗《の》り方《かた》を見《み》ると、人《ひと》が左側《ひだりがわ》に乗《の》るという地域《ちいき》や、右側《みぎがわ》に乗《の》るという地域差《ちいきさ》が話《わ》題《だい》になるときがある。でも、そもそもエスカレーターは「立《た》ち止《ど》まって乗《の》る」ように作《つく》られているんだって。片側《かたがわ》に乗《の》ると、エスカレーターに負担《ふたん》がかかっちゃうから、二人並《なら》んで乗《の》れるエスカレーターは、一人ずつ交互《こうご》に乗《の》るのがよいみたいだよ。

片側に乗るのがあたりまえだと思っていたけど、ちがうのか……

きちんと手すりにつかまり、ステップの黄色い線の内側に立つことが安全なんだって

【33】自動《じどう》ドアはどうやって動《うご》いているの？

いろんなセンサーが連携《れんけい》しているの

自動《じどう》ドアは、近《ちか》づくと勝手《かって》にドアが開《ひら》いてくれるから、両手《りょうて》がふさがっているときにとても便利《べんり》。でも、どうやって自動《じどう》で動《うご》いているのかしら？

ほとんどの自動《じどう》ドアは電気《でんき》で動《うご》いているわ。センサーやモーターが組《く》みこまれていて、ドアの近《ちか》くに来《き》た人《ひと》やものを感《かん》じる起動《きどう》センサー、ドアを開《ひら》いたり閉《と》じたりする制御装置《せいぎょそうち》、そしてドアを動《うご》かすモーターがあるの。ドアの近《ちか》くに人《ひと》やものが来《き》たと感《かん》じると、起動《きどう》センサーが制御装置《せいぎょそうち》に信号《しんごう》を送《おく》って、制御装置《せいぎょそうち》がドアを動《うご》かすモーターに働《はたら》きかけるのよ。

あれ…なんで開かないんだ?
ドクガクレンジャーだけに反応する自動ドアだからね

電気《でんき》を使《つか》わない自動《じどう》ドアもあるわ。福島県《ふくしまけん》の建材《けんざい》メーカー「有紀《ゆうき》」が開発《かいはつ》した「オートドアゼロ」よ。床《ゆか》のふみ板《いた》をふむと、連動《れんどう》して押下棒《おしさげぼう》というものが下《さ》がるの。この下《さ》がる力《ちから》がドアの下部《かぶ》にある斜《なな》めのレールに伝《つた》わると、下向《したむ》きの力《ちから》を横向《よこむ》きの力《ちから》に変《か》えてドアが開《ひら》くしくみなんだって。

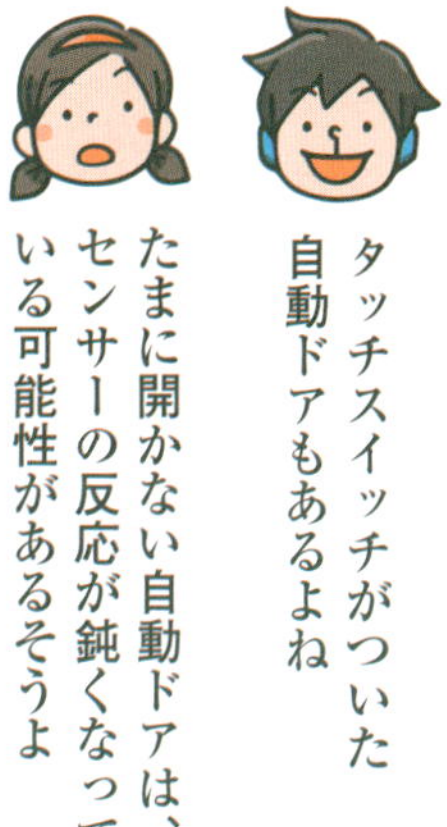
タッチスイッチがついた自動ドアもあるよね
たまに開かない自動ドアは、センサーの反応が鈍くなっている可能性があるそうよ

【34】どうして、マイクで声《こえ》を大《おお》きくできるの？

音《おと》を電気信号《でんきしんごう》に変《か》えているよ

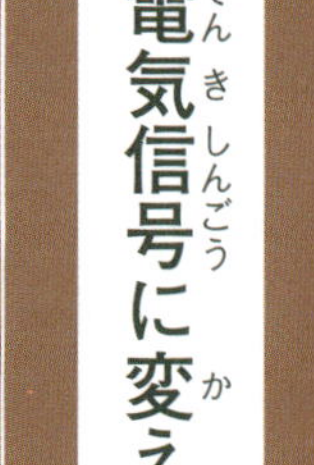

カラオケや学校《がっこう》の行事《ぎょうじ》で音《おと》を大《おお》きくするために、マイクを使《つか》うね。マイクの正《ただ》しい名前《なまえ》は「マイクロホン」というよ。マイクに話《はな》すだけで声《こえ》が大《おお》きくなるには、しくみがあるんだ。

マイクは空気中《くうきちゅう》の音《おと》を、電気信号《でんきしんごう》に変《か》える。音《おと》が伝《つた》わってくるとゆれる「振動板《しんどうばん》」と、電気信号《でんきしんごう》に変《か》える「変換器《へんかんき》」からできているんだ。マイクで音《おと》を電気信号《でんきしんごう》に変《か》えると、今度《こんど》は音《おと》に変換《へんかん》するためにスピーカーへ送《おく》っているよ。電気信号《でんきしんごう》に変《か》えれば、電気《でんき》の強弱《きょうじゃく》で

音《おと》の大《おお》きさを変《か》えることもできるんだ。

マイクにはさまざまな種類《しゅるい》がある。

軽量《けいりょう》で衝撃《しょうげき》にも強《つよ》い「ダイナミック型《がた》」は、ライブやスピーチのときによく使《つか》われているよ。衝撃《しょうげき》に弱《よわ》く、高音質《こうおんしつ》な「コンデンサー型《がた》」は、スタジオで録音《ろくおん》するときや楽器用《がっきよう》マイクに使《つか》われているんだって。

私の美声を聞かせるわね
私が先よ！

電話と同じように電気信号に変えているんだね

マイクにもたくさんの種類があるのね！

【35】どうして、望遠鏡《ぼうえんきょう》は遠《とお》くまで見《み》えるの？

レンズが関係《かんけい》しているわ

望遠鏡《ぼうえんきょう》や双眼鏡《そうがんきょう》を使《つか》って、遠《とお》くにあるものを見《み》たことがあるかもしれないわね。でも、どうして遠《とお》くのものを大《おお》きく見《み》せることができるのかしら？

中心《ちゅうしん》が厚《あつ》くふくらんだレンズのことを「とつレンズ」、中心《ちゅうしん》がへこんでいるレンズのことを「おうレンズ」というわ。とつレンズは光《ひかり》を屈折《くっせつ》させて、小《ちい》さいものや遠《とお》くのものを、実際《じっさい》よりも大《おお》きく見《み》ることができるの。虫《むし》メガネの他《ほか》、望遠鏡《ぼうえんきょう》、双眼鏡《そうがんきょう》、カメラなどにも使《つか》われているのよ。おうレンズは光《ひかり》を拡散《かくさん》させる働《はたら》きがあるの。

　望遠鏡《ぼうえんきょう》は、１６０８年にオランダのメガネ職人《しょくにん》ハンス・リッペルハイが発《はっ》明《めい》したわ。レンズを２枚重《まいかさ》ねると遠《とお》くにあるものが近《ちか》くに見《み》えることから、２枚《まい》のレンズを筒《つつ》に取《と》りつけた屈折望遠《くっせつぼうえん》鏡《きょう》を作《つく》ったんだって。初《はじ》めて望遠鏡《ぼうえんきょう》を使《つか》って天体《てんたい》を観測《かんそく》したのは、イタリアの科学者《かがくしゃ》ガリレオ・ガリレイよ。

日本に望遠鏡が来たのは、江戸時代初期だって

レンズを２枚重ねるだけなのに、すごいわね～

あれは…
らいおむ隊長…
やっぱり見に来ていたんだ…

【36】

鏡《かがみ》にものが映《うつ》るのはなぜ？

鏡《かがみ》にぬられた銀《ぎん》がものをよく映《うつ》してくれるのよ

鏡《かがみ》や電車《でんしゃ》のガラスの窓《まど》、水面《すいめん》などを見《み》ると、自分《じぶん》の姿《すがた》が映《うつ》るわよね。これは、光《ひかり》が反射《はんしゃ》しているからなの。

中《なか》でも、鏡《かがみ》がものをよく映《うつ》せるのは、鏡《かがみ》の奥《おく》にある銀《ぎん》やアルミニウムなどの金属《きんぞく》が関係《かんけい》しているといわれているわ。金属《きんぞく》はとてもまっすぐ。それにピカピカしていて、光《ひかり》を強《つよ》く反射《はんしゃ》するの。ガラスの表《ひょう》面《めん》でも光《ひかり》を反射《はんしゃ》しているけど、銀《ぎん》などが反射《はんしゃ》させる力《ちから》の方《ほう》が強《つよ》いみたいね。

角度《かくど》をつけて光《ひかり》を鏡《かがみ》に当《あ》てると、光《ひかり》は同《おな》じ角度《かくど》で反射《はんしゃ》して進《すす》むわ。自分《じぶん》の視界《しかい》にないものが鏡《かがみ》に映《うつ》って見《み》えるのは、これが原因《げんいん》よ。鏡《かがみ》などに映《うつ》って見《み》えるものを「像《ぞう》」というわ。

鏡よ 鏡 ドクガクレンジャーになるべきものは だーれ?
あ! 映ってる! 私! 映ってるわ!
そりゃ 映るよ…

鏡がない昔は、水面が鏡代わりだったんだろうね

銀などの金属が使われているなんて知らなかったわ!

【37】磁《じ》石《しゃく》ってどんなもの？

鉄《てつ》を引《ひ》きつける性質《せいしつ》をもっているよ

磁《じ》石《しゃく》は鉄《てつ》を引《ひ》きつける性質《せいしつ》をもつ物質《ぶっしつ》のことを指《さ》すよ。そして二つの極《きょく》をもっている。北《きた》を指《さ》す極《きょく》を「N極《エヌきょく》」、南《みなみ》を指《さ》す極《きょく》を「S極《エスきょく》」というんだけど、同《おな》じ極同士《きょくどうし》は反発《はんぱつ》し合《あ》い、ちがう極同士《きょくどうし》を近《ちか》づけると引《ひ》き合《あ》う性質《せいしつ》をもっているんだ。

おどろくことに、世界《せかい》にあるあらゆるものは、小《ちい》さな磁石《じしゃく》でできているというよ。N極《エヌきょく》とS極《エスきょく》がばらばらな方向《ほうこう》を向《む》いているから、全《ぜん》体《たい》としては磁石《じしゃく》にはならないんだって。鉄《てつ》が磁石《じしゃく》にくっつきやすいのは、磁石《じしゃく》が近《ちか》づくと、小《ちい》さな磁石《じしゃく》が同《おな》じ方向《ほうこう》に向《む》きやすい性質《せいしつ》をもっているからなんだそうだ。

磁石《じしゃく》には必《かなら》ずN極《エヌきょく》とS極《エスきょく》がある。どちらかの極《きょく》しかない磁石《じしゃく》はこれまで作《つく》るのは無理《むり》だといわれていたけど、2012年に首都大学《しゅとだいがく》東京《とうきょう》の多々良源準教授《たたらげんじゅんきょうじゅ》（物理学《ぶつりがく》）のグループが、プラチナ金属《きんぞく》などの物質《ぶっしつ》の中《なか》にならN極《エヌきょく》だけの磁石《じしゃく》を作《つく》ることができると発見《はっけん》したんだ。磁石《じしゃく》から電気《でんき》を作《つく》ることができると期待《きたい》されているよ。

電流を流したときにだけ磁石になるものを「電磁石」というんだって

いつも磁石の性質をもつものを「永久磁石」というのね

【38】

ボンドやのりがくっつくしくみって？

もののすきまに接着剤《せっちゃくざい》が入《はい》りこむのよ

図工《ずこう》などで何《なに》かを作《つく》るとき、ボンドやのりを使《つか》うことがあるわね。ボンドやのりなどのように、ものとものをくっつけてくれるのが「接《せっ》着剤《ちゃくざい》」よ。くっつくしくみの一例《いちれい》を紹介《しょうかい》するわね。

ものは、たとえ表面《ひょうめん》がツルツルに見《み》えても、実際《じっさい》はでこぼこになっているわ。接着剤《せっちゃくざい》はその表面《ひょうめん》のでこぼこに入《はい》りこむのよ。時間《じかん》がたって固《かた》まった接着剤《せっちゃくざい》は表面《ひょうめん》のでこぼこからぬけなくなり、もの同士《どうし》がくっつく、というしくみなの。「アンカー効果《こうか》」というわ。

のりや木工用《もっこうよう》ボンドは、空気《くうき》にふれることで水分《すいぶん》が蒸発《じょうはつ》してくっつくようになっているわ。ぬらしてから貼《は》る切手《きって》は、貼《は》ってからしばらくすると固《かた》まるの。テープのように指《ゆび》のおす力《ちから》でくっつけるものもあるわ。接着剤《せっちゃくざい》でも、いろいろな固《かた》まり方《かた》があるみたいね。

飛行機や橋にも接着剤が使われているらしいよ！

「でんぷんのり」というのりの原料は、トウモロコシなどが使われているわ

【39】

どうして、鉛筆《えんぴつ》の文字《もじ》を消《け》しゴムで消《け》せるの？

鉛筆《えんぴつ》の芯《しん》は、消《け》しゴムにくっつきやすいんだ

ふだん、みんなも使《つか》っている鉛筆《えんぴつ》と消《け》しゴム。鉛筆《えんぴつ》で書《か》いたものが消《け》しゴムで消《け》せるってふしぎだよね。

鉛筆《えんぴつ》の芯《しん》は、黒鉛《こくえん》とねんどからできているよ。紙《かみ》などに文字《もじ》が書《か》けるのは、芯《しん》が紙《かみ》に当《あ》たることで芯《しん》がけずれて、黒鉛《こくえん》が紙《かみ》の繊維《せんい》にくっつくからなんだ。

その黒鉛《こくえん》に、消《け》しゴムを当《あ》ててみると、消《け》しゴムの表面《ひょうめん》に黒鉛《こくえん》がくっつくよ。これは、紙《かみ》よりも消《け》しゴムの方《ほう》に黒鉛《こくえん》の粒《つぶ》がくっつき

やすいからなんだって。文字《もじ》の部分《ぶぶん》をこすることで、消《け》しカスとしてのぞかれて、きれいに文字《もじ》が消《き》えるということなんだ。

１７７０年に、化学者《かがくしゃ》のプリーストリーが天然《てんねん》ゴムで鉛筆《えんぴつ》の字《じ》が消《け》せることを発見《はっけん》したよ。消《け》しゴムが世界《せかい》で最初《さいしょ》に発売《はつばい》されたのは、１７７２年のイギリスだ。消《け》しゴムが誕生《たんじょう》するまでは、文字《もじ》などを消《け》すのにパンを使《つか》っていたんだって。

どおりで、消しゴムの表面が黒くなるわけだ

パンで消していたなんてびっくり！

【40】絵《え》の具《ぐ》は何《なに》からできているの？

顔料《がんりょう》という粉《こな》がもとになっているわ

いろんな色《いろ》がある絵《え》の具《ぐ》。絵《え》をかくときにどの色《いろ》を使《つか》おうか迷《まよ》っちゃうわよね。

色《いろ》の主《おも》な原料《げんりょう》には「染料《せんりょう》」と「顔料《がんりょう》」があるの。染料《せんりょう》は水《みず》や油《あぶら》に溶《と》けて布《ぬの》や紙《かみ》に染《し》みこむ性質《せいしつ》をもっているわ。対《たい》して顔料《がんりょう》は、水《みず》や油《あぶら》には溶《と》けずに紙《かみ》の表面《ひょうめん》に定着《ていちゃく》するの。絵《え》の具《ぐ》の色《いろ》は、この顔料《がんりょう》がもとになっているよ。顔料《がんりょう》は、天然《てんねん》の鉱物《こうぶつ》や土《つち》から作《つく》られたり、石《せき》油《ゆ》から合成《ごうせい》されたものから作《つく》られたりしているんだって。

絵《え》の具《ぐ》には水彩絵《すいさいえ》の具《ぐ》や、油絵《あぶらえ》の具《ぐ》などがあるわね。絵《え》の具《ぐ》は、顔料《がんりょう》とそれを練《ね》る「媒材《ばいざい》」の組《く》み合《あ》わせでできるわ。顔料《がんりょう》を代表的《だいひょうてき》な媒材《ばいざい》「アラビアゴム」で練《ね》ると、混《ま》ぜ方《かた》や分量《ぶんりょう》のちがいによって、透明水彩《とうめいすいさい》、不透明水彩《ふとうめいすいさい》（グワッシュ）ができるの。油絵《あぶらえ》の具《ぐ》は、顔料《がんりょう》を乾性油《かんせいゆ》という乾《かわ》くと固《かた》まる油《あぶら》で練《ね》って作《つく》られているんだって。

絵の具にもいろんな種類があるんだな～

染料は、衣服などに色をつけるときに使われるんだって

41

石油《せきゆ》は何《なに》からできているの？

プランクトンなどの生物《せいぶつ》の死《し》がいからできているよ

石油《せきゆ》は液状《えきじょう》の天然鉱物資源《てんねんこうぶつしげん》だよ。ガソリン、灯油《とうゆ》といった燃料《ねんりょう》だけでなく、プラスチックやシャンプー、ゴムなどのさまざまな製品《せいひん》の原料《げんりょう》にもなっているんだ。どうやってできたかはいろんな説《せつ》があるけど、大昔《おおむかし》の水中《すいちゅう》にいたプランクトンなどの生物《せいぶつ》の死《し》がいが積《つ》み重《かさ》なってできたといわれているよ。数億年前《すうおくねんまえ》から数千万年《すうせんまんねん》の間《あいだ》にできたらしく、地下数《ちかすう》千メートル下《した》にあるよ。

深《ふか》い場所《ばしょ》にある石油《せきゆ》をほるために、巨大《きょだい》な鉄《てつ》の管《くだ》を回転《かいてん》させて、地《ち》

中《ちゅう》をほりおこしている。石油《せきゆ》がある場所《ばしょ》を探《さが》すのには、人工衛星《じんこうえいせい》を使《つか》ったり、音《おん》波探査《ぱたんさ》を行《おこな》って分析《ぶんせき》したりしているよ。石油《せきゆ》がとれる油田《ゆでん》は中東地域《ちゅうとうちいき》に多《おお》いそうだ。

日本でも秋田県《あきたけん》や新潟県《にいがたけん》などの日本海《かい》側《がわ》で石油《せきゆ》がとれる場所《ばしょ》があるけど、とても少《すく》ない量《りょう》だから多《おお》くを輸入《ゆにゅう》に頼《たよ》っているんだって。

石油は、古代からのおくりものってことだね

限りある石油を大事に使うことが必要ね

【42】

プラスチックは何《なに》から作《つく》られているの？

石油《せきゆ》からできるものと、植物《しょくぶつ》からできるものがあるよ

プラスチックは、石油《せきゆ》などの化石燃料《かせきねんりょう》からできた「石油系《せきゆけい》プラスチック」と、植物《しょくぶつ》が原料《げんりょう》の「植物性《しょくぶつせい》プラスチック」に分《わ》けられるよ。石油系《せきゆけい》プラスチックは、石油《せきゆ》の中《なか》にあるナフサというものを原料《げんりょう》にして作《つく》られている。とても便利《べんり》だけど、環境《かんきょう》破壊《はかい》を起《お》こす原因《げんいん》にもなっているんだ。ペットボトルやレジ袋《ぶくろ》などのプラスチックで作《つく》られたものが海《うみ》などをただよい、粉々《こなごな》になると、とても小《ちい》さなプラスチックのゴミができるよ。これを「マイクロプラスチック」とい

う。マイクロプラスチックは有害物質《ゆうがいぶっしつ》がつきやすく、自然《しぜん》には分解《ぶんかい》されにくい性質《せいしつ》で、魚《さかな》が誤《あやま》って食《た》べてしまったり、海《うみ》の環境《かんきょう》を汚《よご》したりしてしまうよ。

植物性《しょくぶつせい》プラスチックは、でんぷんが多《おお》くふくまれるトウモロコシ、サツマイモ、ジャガイモなどを原料《げんりょう》にしている。土《つち》などにうめられても、微生物《びせいぶつ》が水《みず》と二酸化炭素《にさんかたんそ》に分解《ぶんかい》してくれるんだって。環境《かんきょう》に優《やさ》しいことから注目《ちゅうもく》されているよ。

便利でも
いいことばかり
じゃないんだね

植物性の
プラスチックを
使った方が
よさそうだね

便利さと環境の
関わりって
難しいのね

【43】ガラスは何《なに》からできているの？

「ケイ砂《しゃ》」とよばれる砂《すな》が主《おも》な原料《げんりょう》だよ

窓《まど》や鏡《かがみ》、コップなどガラスでできたものが身《み》のまわりにはたくさんあるね。ガラスは実《じつ》は砂《すな》からできているんだよ。
その砂《すな》とは、「ケイ砂《しゃ》」とよばれるもの。地球上《ちきゅうじょう》の砂《すな》や岩石《がんせき》にふくまれているというよ。ケイ砂《しゃ》を溶《と》かすには、１７００度《ど》以上《いじょう》の温度《おんど》が必要《ひつよう》なんだけど、ガラスを作《つく》るときには溶《と》かす温度《おんど》を下《さ》げるために「ソーダ灰《ばい》」というものを混《ま》ぜるんだ。また、ガラスをかたくして、耐久性《たいきゅうせい》を上《あ》げるために「石灰石《せっかいせき》」も入《い》れているというよ。そう

するとガラスの種《たね》ができあがるよ。
ガラスの種《たね》を、コップならコップの型《かた》、ビンならビンの型《かた》に流《なが》し入《い》れて、空気圧《くうきあつ》で形《かたち》を整《ととの》え冷《ひ》やすと、ガラスの製品《せいひん》ができるんだ。

どうしよー ミッキが 大事にしてた 花瓶を落として 割っちゃった
えーー! ガラス製品は 繊細なのよー
ねーねー 私の花瓶 見なかった?

ちなみに、一度《いちど》使《つか》われたガラス製品《せいひん》は溶《と》かすことができるから、何度《なんど》も使《つか》えるみたい。ガラスビンを作《つく》るときには、ガラスビンをくだいた「カレット」というものを入《い》れているんだって。

砂で作られているのは 意外だった!
リサイクルできるから、 環境にも優しいのね!

【44】石《せっ》けんや洗剤《せんざい》で汚《よご》れが落《お》ちるのはなぜ？

水《みず》と油《あぶら》、どちらにもなじむ成分《せいぶん》がふくまれているよ

石《せっ》けんや洗剤《せんざい》は、お皿《さら》についた油《あぶら》や服《ふく》についた汚《よご》れを落《お》としてくれるね。石《せっ》けんには、水《みず》になじむ部分《ぶぶん》と、油《あぶら》になじむ部分《ぶぶん》をもつ物質《ぶっしつ》がふくまれているよ。この物質《ぶっしつ》を「界面活性剤《かいめんかっせいざい》」というんだ。水《みず》と油《あぶら》は混《ま》じり合《あ》わないものだけど、界面活性剤《かいめんかっせいざい》が入《はい》った洗剤《せんざい》や石《せっ》けんを使《つか》うことで、水《みず》と油《あぶら》が混《ま》ざり合《あ》うのを助《たす》けて汚《よご》れを落《お》としてくれるんだって。また、水《みず》が染《し》みにくい繊維《せんい》にも界面活性剤《かいめんかっせいざい》を加《くわ》えることで、水《みず》を繊維《せんい》となじみやすくしてくれるんだ。

石《せっ》けんが日本に初《はじ》めてやってきたのは、16世紀《せいき》ごろ。ポルトガル船《せん》が日本にもってきたというよ。庶民《しょみん》が使《つか》うようになったのは、明《めい》治時代《じじだい》になってからだ。洗剤《せんざい》が使《つか》われるようになったのは、1900年代《ねんだい》になってからだよ。意外《いがい》と最近《さいきん》使《つか》われるようになったんだね。

花瓶を割ったバツとして一週間食器洗いお願いね！
はい…わかりましたなんでもやります
お皿は割らないようにね
ジャブ
ジャブ

大昔《おおむかし》の人《ひと》は、灰汁《あく》や、天然《てんねん》の界面活《かいめんかっ》性剤《せいざい》「サポニン」がふくまれる「ムクロジ」という植物《しょくぶつ》などを使《つか》って、汚《よご》れを落《お》としていたようだ。

植物も使っていたんだね！

洗剤がない生活なんて考えられないわ～

【45】放射線《ほうしゃせん》ってどんなもの？

光《ひかり》の仲間《なかま》で、高《たか》いエネルギーをもっているよ

放射線《ほうしゃせん》は、原子核《げんしかく》がこわれるときに放出《ほうしゅつ》される粒子《りゅうし》や高《たか》いエネルギーをもった光《ひかり》のことをいうんだ。自然《しぜん》に放射線《ほうしゃせん》を出《だ》す能力《のうりょく》のことを「放射能《ほうしゃのう》」というよ。「放射性物質《ほうしゃせいぶっしつ》」は、放射線《ほうしゃせん》を出《だ》す物質《ぶっしつ》のことをいうんだ。

放射線《ほうしゃせん》は、物質《ぶっしつ》を通《とお》りぬける性質《せいしつ》をもっていることから、医療《いりょう》や工業《こうぎょう》などのさまざまな分野《ぶんや》で活用《かつよう》されている。でも、人体《じんたい》や環境《かんきょう》に影響《えいきょう》をあたえる心配《しんぱい》があるんだ。原子力発電《げんしりょくはつでん》の利用《りよう》がひかえられて

いるといったけど、これは東《ひがし》日本大震《だいしん》災《さい》の原子力発電所《げんしりょくはつでんしょ》の事故《じこ》で、放射性物《ほうしゃせいぶっ》質《しつ》がもれてしまったからなんだよ。

とはいえ、ぼくたちはふだんから放《ほう》射線《しゃせん》をあびる機会《きかい》があるよ。飛行機《ひこうき》に乗《の》るときや、宇宙《うちゅう》や大地《だいち》からも放射線《ほうしゃせん》が出《で》ているんだ。でもそれらは、微量《びりょう》だから人体《じんたい》に影響《えいきょう》はないといわれているよ。

自然界にも放射線ってあるんだね

物質を通りぬけできるなんてすごい！

【46】レントゲン撮影《さつえい》で骨《ほね》まで見《み》られるのはなぜ？

物質《ぶっしつ》の間《あいだ》を通《とお》りぬける放射線《ほうしゃせん》を用《もち》いているからなんだ

病院《びょういん》へ行《い》くと、レントゲン撮影《さつえい》をすることがある。みんなだとまだ経験《けいけん》したことがないかもしれないけど、からだがすけて、骨《ほね》が映《うつ》し出《だ》されるんだ。骨《ほね》が折《お》れているかどうかを確《たし》かめるときや、胃《い》や腸《ちょう》の検査《けんさ》などで用《もち》いられているよ。どうして骨《ほね》まで見《み》ることができるかというと、「エックス線《せん》」とよばれるものが関係《かんけい》しているんだ。

エックス線《せん》は、放射線《ほうしゃせん》の一種《いっしゅ》で、物質《ぶっしつ》の間《あいだ》を通《とお》りぬけたり、フィルムの色《いろ》を変《か》えたり、発光《はっこう》させたりする性質《せいしつ》をもっているよ。レントゲン撮影《さつえい》は、この性質《せいしつ》を利用《りよう》しているんだ。

　レントゲンとよばれているのは、ドイツの物理学者《ぶつりがくしゃ》のヴィルヘルム・レントゲンが見《み》つけた現象《げんしょう》だからだよ。レントゲンは１８９５年に、暗闇《くらやみ》の中《なか》、黒《くろ》い紙《かみ》でおおった放電管《ほうでんかん》を使《つか》って電子《でんし》の動《うご》き（＝電流《でんりゅう》）を見《み》る実験《じっけん》をしていた。すると、少《すこ》し離《はな》れた蛍光板《けいこうばん》が光《ひか》り出《だ》したというよ。また、放電管《ほうでんかん》と蛍光板《けいこうばん》の間《あいだ》に物体《ぶったい》を入《い》れると物体《ぶったい》の影《かげ》が映《うつ》ったんだって。これがエックス線《せん》の発見《はっけん》だったんだ。

見てみて私の骨こうなっているのね
これでレントゲン写真が撮れるの？

空港での手荷物検査のときにも使われているよね

エックス線は、数学でよくわからない数を「X」とすることにちなんでレントゲンが名づけたみたい

れんとせいのSOS!

教《おし》えて！ 電磁波《でんじは》のあれこれ

放射線《ほうしゃせん》にエックス線《せん》……いろんな線《せん》があるんだなぁ
放射線《ほうしゃせん》は電磁波《でんじは》の一つなんだよ
電磁波《でんじは》って何《なに》……!?

電磁波《でんじは》とは……

電界《でんかい》と磁界《じかい》が組《く》み合《あ》わされたもので、電気《でんき》と磁気《じき》の性質《せいしつ》をもつ波《なみ》だよ

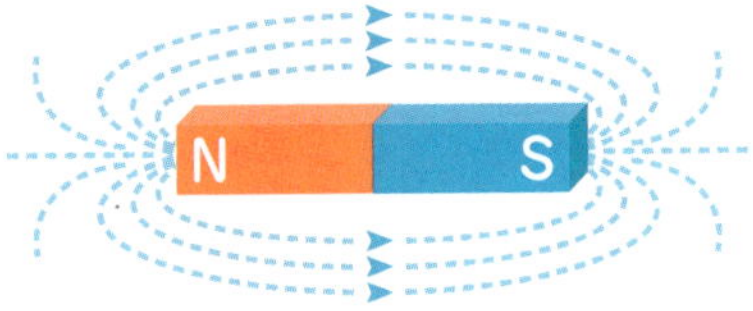
N
S

電界《でんかい》

電気的《でんきてき》な力《ちから》（プラスとマイナス）が働《はたら》く空間《くうかん》のこと。

磁界《じかい》

磁気《じき》の力《ちから》（N極《エヌきょく》とS極《エスきょく》）が働《はたら》く空間《くうかん》のこと。

電磁波《でんじは》の主《おも》な種類《しゅるい》

電磁波《でんじは》	電波《でんぱ》	小	中波《ちゅうは》	ラジオの「AM放送《エーエムほうそう》」
			マイクロ波《は》	携帯電話《けいたいでんわ》 船《ふね》のレーダー
	光《ひかり》	エネルギー	赤外線《せきがいせん》	こたつ　テレビのリモコン ヒーター
			可視光線《かしこうせん》	照明《しょうめい》
			紫外線《しがいせん》	殺菌灯《さっきんとう》
	放射線《ほうしゃせん》		エックス線《せん》	エックス線《せん》（レントゲン）撮影《さつえい》
		大	ガンマ線《せん》	ガーゼや注射《ちゅうしゃ》の針《はり》を殺菌《さっきん》 ジャガイモの発芽《はつが》を止《と》める

マイクロ波《は》は電子《でんし》レンジにも使《つか》われているのよ
エネルギーの大《おお》きな電磁波《でんじは》は、量《りょう》が多《おお》いと遺伝子《いでんし》を傷《きず》つけてしまう可能性《かのうせい》があるんだ

【47】

どうして、聴診器《ちょうしんき》で心臓《しんぞう》の音《おと》が聞《き》こえるの？

直接耳《ちょくせつみみ》に振動《しんどう》が伝《つた》わるからだよ

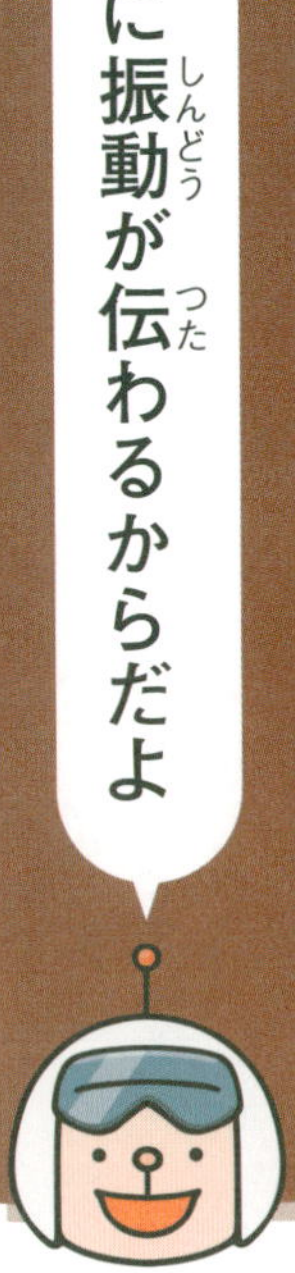

病院《びょういん》へ行《い》くと、お医者《いしゃ》さんから聴診器《ちょうしんき》を当《あ》てられることがあるね。聴診器《ちょうしんき》は、患者《かんじゃ》のからだに当《あ》てる部分《ぶぶん》と、お医者《いしゃ》さんの耳《みみ》に入《い》れる部分《ぶぶん》、その二つをつなぐ管《くだ》（チューブ）でできているんだ。

患者《かんじゃ》のからだに当《あ》てる部分《ぶぶん》には、振動板《しんどうばん》がある。振動板《しんどうばん》は、からだの中《なか》の音《おと》でふるえるよ。さらに振動板《しんどうばん》のふるえが、チューブの中《なか》の空気《くうき》をふるわせて、お医者《いしゃ》さんの耳《みみ》に伝《つた》わるんだ。聴診器《ちょうしんき》に音《おと》を閉《と》じこめることで、直接耳《ちょくせつみみ》に伝《つた》わるだけではなく、外《そと》の雑音《ざつおん》も聞《き》こえなくなるから、よく聞《き》こえるみたいだね。

聴診器《ちょうしんき》の原型《げんけい》は、１８１６年にフランスの医者《いしゃ》のラエンネックが作《つく》った。患者《かんじゃ》のからだに直接耳《ちょくせつみみ》をつけることを申《もう》し訳《わけ》なく思《おも》ったラエンネックは、机《つくえ》にあったノートを丸《まる》めて患者《かんじゃ》の胸《むね》に当《あ》てたんだ。すると、心臓《しんぞう》の音《おと》がよく聞《き》こえたんだってさ！　聴診器《ちょうしんき》が作《つく》られる前《まえ》は、お医者《いしゃ》さんが患者《かんじゃ》さんのからだに直接耳《ちょくせつみみ》を当《あ》ててからだの中《なか》の音《おと》を聞《き》いていたというよ。

いまじゃ考《かんが》えられないよね……。

なんだか風邪っぽいな…
仮病じゃないみたいだね ちょっと胸の音を聞くよ

いろんな科学者に改良されて、いまの聴診器ができたんだね

それぞれの病気には、特有の音があるらしいわ！

【48】

ペースメーカーって何《なに》？

心臓《しんぞう》が規則正《きそくただ》しく動《うご》くようにサポートしているよ

ペースメーカーは、皮膚《ひふ》の下《した》にうめこむ医療器具《いりょうきぐ》。脈《みゃく》がおそい人《ひと》や、一時的《いちじてき》に心臓《しんぞう》が止《と》まってしまう人向《ひとむ》けのものなんだ。電池《でんち》と電気回路《でんきかいろ》を組《く》み合《あ》わせた「発振器《はっしんき》」と、発振器《はっしんき》に接続《せつぞく》された細《ほそ》い電線《でんせん》で作《つく》られているよ。心臓《しんぞう》に小《ちい》さな電気刺激《でんきしげき》をあたえることで、規則正《きそくただ》しく動《うご》くのを助《たす》けているんだ。

ペースメーカーは25グラム程度《ていど》の重《おも》さ。心臓《しんぞう》の動《うご》きを助《たす》けるだけではなくて、体温《たいおん》を感《かん》じて拍数《はくすう》を調節《ちょうせつ》させたり、ペースメーカーが動《うご》いた記録《きろく》をつけたりするなどさまざまな機能《きのう》をもっているよ。電《でん》池《ち》の寿命《じゅみょう》は、5~10年《ねん》ほどだけど、3~6か月《げつ》ごとに定期的《ていきてき》な動作《どうさ》チェックをしておいた方《ほう》がいいそうだ。

ペースメーカーは携帯電話《けいたいでんわ》に近《ちか》づけると誤《あやま》って作動《さどう》するなどの影響《えいきょう》があったけど、2015年に総務省《そうむしょう》は「携帯《けいたい》電話《でんわ》の電波《でんぱ》が心臓《しんぞう》ペースメーカーに影《えい》響《きょう》をおよぼすおそれは非常《ひじょう》に低《ひく》い」と指摘《してき》する指針案《ししんあん》を公表《こうひょう》しているよ。

ペースメーカーがあればどんなに年をとってもドクガクレンジャーでいられそう!
れん80歳まだまだ元気!
無理はしません
すごい意気ごみだねー

ペースメーカをからだにうめこむ手術は約2時間で終わるんだって

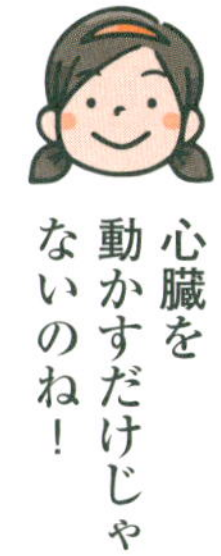
心臓を動かすだけじゃないのね!

れんとせいのSOS!

教《おし》えて！科学者《かがくしゃ》におくられる賞《しょう》って？

いまの生活《せいかつ》には、いろんな科学者《かがくしゃ》のがんばりがあったんだなぁ
そうだよ！そんな人《ひと》たちにおくられる賞《しょう》があるの知《し》ってる？「ノーベル賞《しょう》」を紹介《しょうかい》するね！

ノーベル賞《しょう》

人類《じんるい》に大《おお》きな貢献《こうけん》をもたらした研究《けんきゅう》や活動《かつどう》をした人《ひと》、団体《だんたい》におくられる賞《しょう》。6部門《ぶもん》で毎年《まいとし》1回《かい》、各部門《かくぶもん》3人《にん》までが選《えら》ばれるよ。10月に発表《はっぴょう》された受賞者《じゅしょうしゃ》には、12月に行《おこな》われる授賞式《じゅしょうしき》で賞状《しょうじょう》やメダル、そして賞金約《しょうきんやく》1億円《おくえん》がおくられるの。

（部門《ぶもん》）

- 物理学賞《ぶつりがくしょう》
- 化学賞《かがくしょう》
- 生理学《せいりがく》・医学賞《いがくしょう》
- 文学賞《ぶんがくしょう》
- 平和賞《へいわしょう》
- 経済学賞《けいざいがくしょう》

ノーベル賞《しょう》は、ある科学者《かがくしゃ》の遺言《ゆいごん》から作《つく》られた

ダイナマイトを発明《はつめい》したスウェーデンの科学者《かがくしゃ》、アルフレッド・ノーベルが作《つく》ったよ。ダイナマイトは、爆発力《ばくはつりょく》がとても高《たか》く、土木工事《どぼくこうじ》などでよく使《つか》われていたんだ。そのダイナマイトの威力《いりょく》は、戦争《せんそう》でも使《つか》われるほどだった。

自分《じぶん》の発明《はつめい》で多《おお》くの人《ひと》の命《いのち》をうばってしまったノーベルは、ダイナマイトで得《え》たお金《かね》を平和《へいわ》や科学《かがく》の発展《はってん》に使《つか》いたいと考《かんが》えるようになった。死《し》ぬ前《まえ》に、世界《せかい》の人々《ひとびと》に役立《やくだ》つ研究《けんきゅう》や活動《かつどう》をした人《ひと》に対《たい》して賞《しょう》をおくるよう、言《い》い残《のこ》したよ。ノーベルが亡《な》くなった5年後《ねんご》の1901年からノーベル賞《しょう》がはじまった。

日本人《じん》で初《はじ》めての受賞者《じゅしょうしゃ》は、「中間子《ちゅうかんし》」の研究《けんきゅう》をした湯川秀樹《ゆかわひでき》さん。1949年の物理学賞《ぶつりがくしょう》を受賞《じゅしょう》しているわ

日本国籍《こくせき》をもつ人《ひと》では、2018年までに24人《にん》が受賞《じゅしょう》しているよ

授賞式《じゅしょうしき》が行《おこな》われる12月10日は、ノーベルが亡《な》くなった日《ひ》なのね！

こんな賞《しょう》も！ 「イグ・ノーベル賞《しょう》」

1991年にアメリカの科学雑誌《かがくざっし》の編《へん》集者《しゅうしゃ》が作《つく》った賞《しょう》。人々《ひとびと》を笑《わら》わせ、考《かんが》えさせてくれるような研究《けんきゅう》におくられる。物理学賞《ぶつりがくしょう》や、平和賞《へいわしょう》、解剖学賞《かいぼうがくしょう》、医学《いがく》賞《しょう》などがある。

日本人《じん》は、2007年から2018年の12年連続《ねんれんぞく》で受賞《じゅしょう》しているよ。過去《かこ》にはおもちゃの「たまごっち」の発明《はつめい》や、カラオケに関《かん》する研究《けんきゅう》でも受賞《じゅしょう》しているんだ。

これならぼくも受賞《じゅしょう》できるかな……！

受賞例《じゅしょうれい》

2007年化学賞《かがくしょう》

牛《うし》のふんからバニラの香《かお》り成分《せいぶん》を抽出《ちゅうしゅつ》する方法《ほうほう》を開発《かいはつ》

2011年化学賞《かがくしょう》

ワサビのにおいで耳《みみ》の不自由《ふじゆう》な人《ひと》に火災《かさい》を知《し》らせる警報装置《けいほうそうち》の開発《かいはつ》

2012年音響学賞《おんきょうがくしょう》

おしゃべりが過《す》ぎる人《ひと》を妨害《ぼうがい》する装置《そうち》「スピーチ・ジャマー」の発明《はつめい》

2014年物理学賞《ぶつりがくしょう》

床《ゆか》に置《お》かれたバナナの皮《かわ》を、人間《にんげん》が踏《ふ》んだときの摩擦《まさつ》の大《おお》きさを計測《けいそく》した研究《けんきゅう》

問題《もんだい》を解《と》いて、ゴールを目指《めざ》せ！

ミツキからまたクイズがきたよ。なんだか難《むずか》しそう

今度《こんど》は何《なに》!?

特別任務《とくべつにんむ》

それぞれのマスに書《か》かれている問題《もんだい》には、二つの選択肢《せんたくし》がある。正解《せいかい》の選択肢《せんたくし》を選《えら》んで進《すす》んでみよう。どんな道筋《みちすじ》で、どのゴールに着《つ》くのが正解《せいかい》かな？

スタート

日本で一番多《いちばんおお》い発電方法《はつでんほうほう》は
- 火力《かりょく》 → LED《エルイーディー》の特徴《とくちょう》は電気《でんき》が
- 水力《すいりょく》 → テレビの地上波《ちじょうは》の場合《ばあい》、電波《でんぱ》が送《おく》られてくるのは

LED《エルイーディー》の特徴《とくちょう》は電気《でんき》が
- 長持《ながも》ちしない → 電話《でんわ》は、できた初期《しょき》からダイヤルが
- 長持《ながも》ちする → インターネットが作《つく》られたのは

電話《でんわ》は、できた初期《しょき》からダイヤルが
- なかった → LED《エルイーディー》の特徴《とくちょう》は電気《でんき》が
- あった → アルキメデスが紀元前《きげんぜん》に発明《はつめい》したのは

テレビの地上波《ちじょうは》の場合《ばあい》、電波《でんぱ》が送《おく》られてくるのは
- 人口衛星《じんこうえいせい》から → 日本で一番多《いちばんおお》い発電方法《はつでんほうほう》は
- 地上《ちじょう》にある施設《しせつ》から → エスカレーターに乗《の》る際《さい》には

インターネットが作《つく》られたのは
- 軍事目的《ぐんじもくてき》のため → テレビの地上波《ちじょうは》の場合《ばあい》、電波《でんぱ》が送《おく》られてくるのは
- 遊《あそ》ぶため → アルキメデスが紀元前《きげんぜん》に発明《はつめい》したのは

アルキメデスが紀元前《きげんぜん》に発明《はつめい》したのは
- エスカレーター → 電話《でんわ》は、できた初期《しょき》からダイヤルが
- エレベーター → インターネットが作《つく》られたのは

エスカレーターに乗《の》る際《さい》には
- 立《た》ち止《ど》まって乗《の》るのが正解《せいかい》 → マイクは空気《くうき》中《ちゅう》の音《おと》を
- 歩《ある》くのが正解《せいかい》 → 鏡《かがみ》に映《うつ》って見《み》えるものの名前《なまえ》は

マイクは空気《くうき》中《ちゅう》の音《おと》を
- 電気信号《でんきしんごう》に変《か》える → 中心《ちゅうしん》が厚《あつ》くふくらんだレンズは
- 熱《ねつ》エネルギーに変《か》える → 地球《ちきゅう》を磁石《じしゃく》とすると北極《ほっきょく》は

中心《ちゅうしん》が厚《あつ》くふくらんだレンズは
- おうレンズ → アルキメデスが紀元前《きげんぜん》に発明《はつめい》したのは
- とつレンズ → 絵《え》の具《ぐ》の原料《げんりょう》は

鏡《かがみ》に映《うつ》って見《み》えるものの名前《なまえ》は
- モデル → エスカレーターに乗《の》る際《さい》には
- 像《ぞう》 → ゴール③

絵《え》の具《ぐ》の原料《げんりょう》は
- 染料《せんりょう》 → 地球《ちきゅう》を磁石《じしゃく》とすると北極《ほっきょく》は
- 顔料《がんりょう》 → ゴール①

地球《ちきゅう》を磁石《じしゃく》とすると北極《ほっきょく》は
- N極《エヌきょく》 → 鏡《かがみ》に映《うつ》って見《み》えるものの名前《なまえ》は
- S極《エスきょく》 → ゴール②

ゴール①　ゴール②　ゴール③

答《こた》えは142ページに！

札《ふだ》に書《か》かれた人《ひと》はだれ？　科学者《かがくしゃ》かるた

これまで登場《とうじょう》した科学者《かがくしゃ》をかるたにしてみたよ

わ～うれしい！

よし、早速《さっそく》やってみよう！

特別任務《とくべつにんむ》

次《つぎ》のかるたには、ある科学者《かがくしゃ》について書《か》いてある。名《な》前《まえ》が書《か》かれた１～５の札《ふだ》から、当《あ》てはまる札《ふだ》を選《えら》んでみよう！

科学者《かがくしゃ》について書《か》かれた札《ふだ》

ニ
天然《てんねん》ゴムで鉛筆《えんぴつ》の字《じ》が消《け》せることを発見《はっけん》した

イ
オランダのメガネ職人《しょくにん》で、望遠《ぼうえん》鏡《きょう》を発明《はつめい》した

ハ
フランスのお医《い》者《しゃ》さんで、聴診《ちょうしん》器《き》の原型《げんけい》を作《つく》った

ホ
電話《でんわ》の原型《げんけい》、電《でん》話機《わき》を発明《はつめい》した

ロ
放射線《ほうしゃせん》の一種《いっしゅ》、エックス線《せん》を発《はっ》見《けん》した

名前《なまえ》が書《か》かれた札《ふだ》

1 グラハム・ベル

2 ラエンネック

3 ハンス・リッペルハイ

4 プリーストリー

5 ヴィルヘルム・レントゲン

答《こた》えは142ページに！

クイズの答《こた》え

れんとせいの特別任務《とくべつにんむ》③

③ゴール1

道筋《みちすじ》は図《ず》のとおり

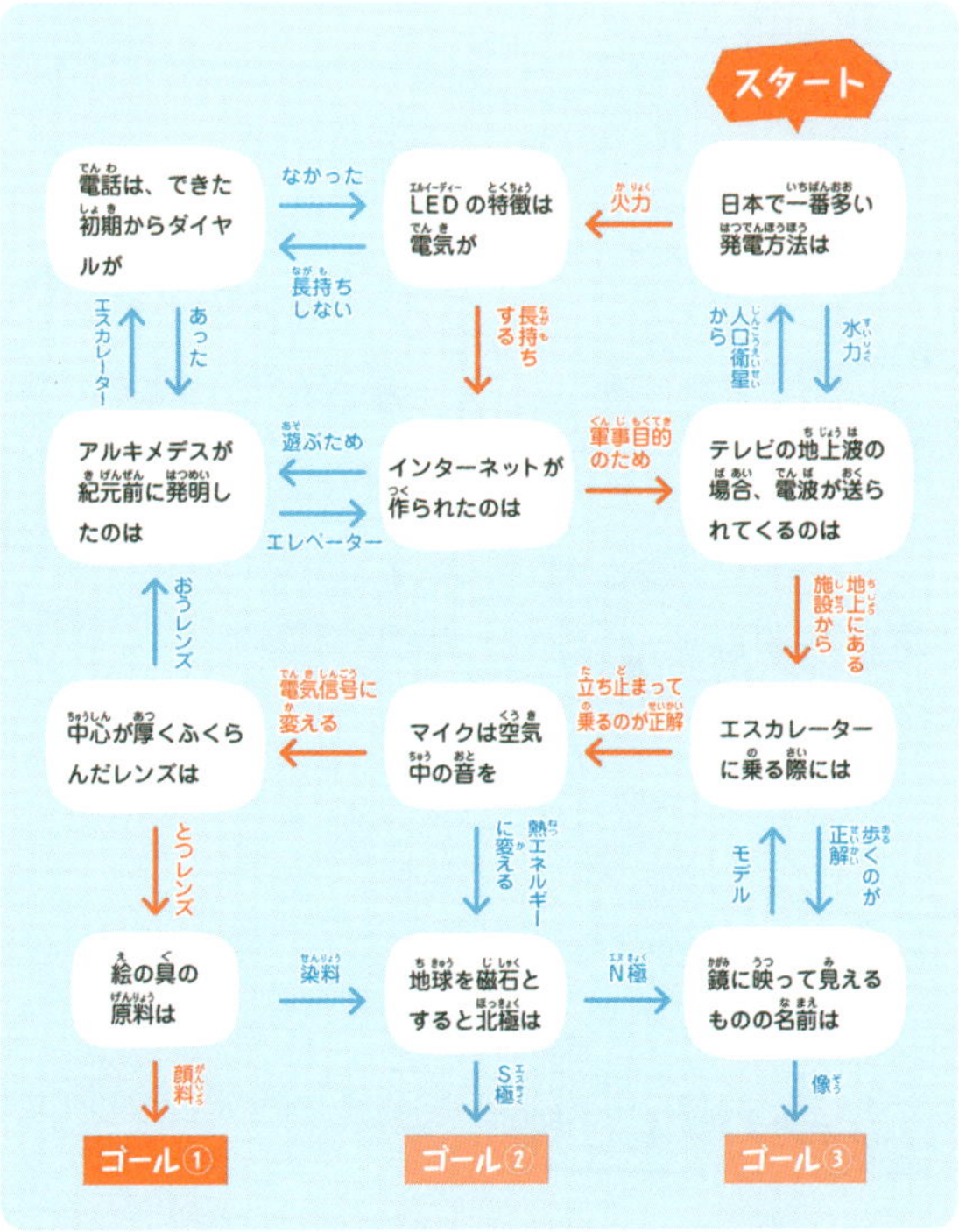

れんとせいの特別任務《とくべつにんむ》④

イ—3　ロ—5　ハ—2　ニ—4　ホ—1

食《た》べものや乗《の》りもののふしぎ

おいしい食《た》べものに、
移動《いどう》に使《つか》う乗《の》りもの。
どんなふしぎがあるのかな?

あの家電《かでん》、乗《の》りものって、いつできたの？

ズームアップ！

Zoom up! Zoom up! Zoom up! Zoom up! Zoom up!

冷蔵庫《れいぞうこ》や、炊飯器《すいはんき》、電子《でんし》レンジなど、料理《りょうり》をするときにいまやあたりまえに使《つか》う家電製品《かでんせいひん》。この家電製品《かでんせいひん》の登場《とうじょう》は1900年代《ねんだい》なのよ！

家電《かでん》にまつわる主《おも》な出来事《できごと》

年	出来事
1930年	国産第《こくさんだい》1号《ごう》の電気冷蔵庫《でんきれいぞうこ》が製造《せいぞう》、発売《はつばい》される
1955年	自動式電気炊飯器《じどうしきでんきすいはんき》が発売《はつばい》される
1957年	ガス自動炊飯器《じどうすいはんき》が発売《はつばい》される
1961年	フリーザーつきの冷凍冷蔵庫《れいとうれいぞうこ》が発売《はつばい》される
	国産業務用電子《こくさんぎょうむようでんし》レンジ1号機《ごうき》が発売《はつばい》される
1965年	国産家庭用電子《こくさんかていようでんし》レンジ1号機《ごうき》が発売《はつばい》される
	オーブントースターが発売《はつばい》される
1972年	長時間保温《ちょうじかんほおん》できるジャー炊飯器《すいはんき》が発売《はつばい》される
1977年	オーブンレンジが発売《はつばい》される
1986年	トースター機能《きのう》つきオーブンレンジが発売《はつばい》される
1987年	IH調理機能《アイエイチちょうりきのう》つき電子《でんし》レンジが発売《はつばい》される
1992年	圧力《あつりょく》IH《アイエイチ》ジャー炊飯器《すいはんき》が発売《はつばい》される

それまでは手動《しゅどう》の電気釜《でんきがま》だったんだ。炊飯《すいはん》が終了《しゅうりょう》すると自動《じどう》でスイッチが切《き》れるしくみだよ

圧力効果《あつりょくこうか》でよりふっくら炊《た》きあがったんだって

電子《でんし》レンジで簡単《かんたん》に調理《ちょうり》ができるようになったというよね

1961年発売
業務用電子レンジ
DO-2273

1955年発売
電気炊飯器ER-4

1930年発売
電気冷蔵庫SS-1200

写真：東芝未来科学館提供

こっちでは、みんなが日頃《ひごろ》よく乗《の》る鉄道《てつどう》や、車《くるま》の歴史《れきし》を見《み》ていこう！

世界《せかい》の動《うご》き

1769年　フランスで蒸気自動車《じょうきじどうしゃ》が作《つく》られる
1863年　イギリスで、世界初《せかいはつ》の地下鉄《ちかてつ》の運行《うんこう》がはじまる
1873年　世界初《せかいはつ》の実用的《じつようてき》な電気自動車《でんきじどうしゃ》が発明《はつめい》される
1886年　ドイツで、ガソリンで走《はし》る車《くるま》が発明《はつめい》される

電気自動車《でんきじどうしゃ》の方《ほう》が、ガソリン自動車《じどうしゃ》よりも先《さき》に発明《はつめい》されていたのは意外《いがい》！

鉄道《てつどう》、車《くるま》にまつわる主《おも》な出来事《できごと》

1872年	日本で初《はじ》めて鉄道《てつどう》が開業《かいぎょう》する（横浜《よこはま》―新橋間《しんばしかん》）
1904年	初《はつ》の国産車《こくさんしゃ》が作《つく》られる
1907年	日本初《はつ》のガソリン車《しゃ》が作《つく》られる
1927年	日本初《はつ》の地下鉄《ちかてつ》が開業《かいぎょう》する（銀座線《ぎんざせん》・上野《うえの》―浅草《あさくさ》）
1964年	東海道新幹線《とうかいどうしんかんせん》（東京《とうきょう》―新大阪《しんおおさか》）が開業《かいぎょう》する
1966年	トヨタが「カローラ」、日産《にっさん》が「サニー」を発売《はつばい》
1980年	日本の自動車生産台数《じどうしゃせいさんだいすう》が世界一《せかいいち》になる
1997年	トヨタが世界初《せかいはつ》、電気《でんき》とガソリンで走《はし》る量産《りょうさん》ハイブリッド車《しゃ》「プリウス」を発売《はつばい》する
2010年	日産《にっさん》が電気自動車《でんきじどうしゃ》「リーフ」を発売《はつばい》する
	2027年の開業《かいぎょう》を目指《めざ》すリニア中央新幹線《ちゅうおうしんかんせん》の建設工事《けんせつこうじ》がはじまる
2014年	トヨタが世界初《せかいはつ》の燃料電池車《ねんりょうでんちしゃ》「MIRAI《ミライ》」を発売《はつばい》する

「大衆車《たいしゅうしゃ》」とよばれる車《くるま》が本格的《ほんかくてき》に広《ひろ》がったよ

1964年東海道新幹線開業
©朝日新聞社

各新幹線《かくしんかんせん》の開業時期《かいぎょうじき》

1972年　山陽新幹線《さんようしんかんせん》
1982年　東北新幹線《とうほくしんかんせん》、上越新幹線《じょうえつしんかんせん》
1992年　山形新幹線《やまがたしんかんせん》
1997年　秋田新幹線《あきたしんかんせん》、長野新幹線《ながのしんかんせん》
2004年　九州新幹線《きゅうしゅうしんかんせん》
2015年　北陸新幹線《ほくりくしんかんせん》
2016年　北海道新幹線《ほっかいどうしんかんせん》

49

冷蔵庫《れいぞうこ》の中《なか》はどうやって冷《ひ》やしているの？

熱《ねつ》をうばって冷《ひ》やすしくみをもっているんだ

みんなが予防接種《よぼうせっしゅ》をするとき、アルコールで消毒《しょうどく》した場所《ばしょ》はひんやりするよね。これは、液体《えきたい》のアルコールが蒸発《じょうはつ》するとき、周《まわ》りの熱《ねつ》をうばうからなんだ。液体《えきたい》が気体《きたい》になることを「気化《きか》」といって、気化《きか》するときに周《まわ》りからうばった熱《ねつ》を「気化熱《きかねつ》」というよ。冷蔵庫《れいぞうこ》が冷《ひ》えるのも、実《じつ》はこの「気化熱《きかねつ》」を利用《りよう》しているんだ。

冷蔵庫《れいぞうこ》には、「冷《れい》ばい」というガスが使《つか》われている。冷《れい》ばいは冷蔵《れいぞう》庫《こ》の中《なか》にある管《くだ》に入《はい》っていて、圧力《あつりょく》を変《か》える装置《そうち》によって液体《えきたい》と気《き》体《たい》に姿《すがた》を変《か》えているよ。液体《えきたい》から気体《きたい》に変《か》わると、周《まわ》りの空気《くうき》から熱《ねつ》をうばい、その空気《くうき》が冷《ひ》えることで、冷蔵庫《れいぞうこ》も冷《ひ》えるんだ。

冷蔵庫《れいぞうこ》の側面《そくめん》をさわると、熱《ねつ》を感《かん》じることがあるよね。これは、気《き》体《たい》が液体《えきたい》に変《か》わるときに外《そと》ににがした熱《ねつ》が側面《そくめん》に出《で》てきているからなんだ。

一年で一番昼が長くなる「夏至」の日は、「冷蔵庫」の日なんだって

冷蔵庫が登場する前は、氷をたくさん入れた氷冷蔵庫とよばれるものを使っていたらしいわ

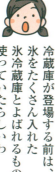

【50】

どうして電子《でんし》レンジで食《た》べものが温《あたた》まるの？

水分《すいぶん》が数億回《すうおくかい》もこすれ合《あ》って熱《ねつ》を作《つく》っているの

手《て》をこすり合《あ》わせると、手《て》が熱《あつ》くなるわよね。電子《でんし》レンジのしくみは実《じつ》はこれと一緒《いっしょ》で、食《た》べものの中《なか》にふくまれている水《みず》の粒《つぶ》をこすり合《あ》わせることで温《あたた》めているのよ。電磁波《でんじは》の一種《いっしゅ》のマイクロ波《は》によって水分《すいぶん》を1秒間《びょうかん》に約《やく》24億回《おくかいい》振動《しんどう》させているというわ。レンジの中《なか》で、想像《そうぞう》できないほどの速《はや》さでこすり合《あ》わせているみたいね！

水分《すいぶん》がふくまれていない食《た》べものは、温《あたた》めることはできないわ。ガラスやプラスチックなどの容器《ようき》があまり熱《あつ》くならないのは、水分《すいぶん》を

水分が
いまごろぶつかり
合ってるのね
まだ?

ふくんでいないからなんだって。もし熱《あつ》くなっていたら、それは温《あたた》まった食《た》べものの熱《ねつ》が伝《つた》わったからだそうよ。

電子《でんし》レンジは、偶然《ぐうぜん》の出来事《できごと》から生《う》まれたらしいわ。軍事用《ぐんじよう》レーダーを作《つく》る技術者《ぎじゅつしゃ》が実験中《じっけんちゅう》に、レーダーのマイクロ波《は》によってポケットに入《い》れていたお菓子《かし》が溶《と》けていたことに気《き》づいたの。それが電子《でんし》レンジ発明《はつめい》のヒントになったそうよ。

水の粒がこすれ合っていたなんて考えもしなかったな

作り置きしても電子レンジで温められるからいいわよね!

【51】カビの正体《しょうたい》って？

悪《わる》さをするカビと、食《た》べものに使《つか》われるカビがあるわ

「カビ」と聞《き》くと、お風呂場《ふろば》や食《た》べものにできたカビを思《おも》い出《だ》して、いやな気持《きも》ちになるかもしれないわね。でも、実《じつ》はふだんみんなが食《た》べている食品《しょくひん》には、カビの力《ちから》を使《つか》ったものがあるのよ。みそやしょうゆ、チーズはカビを使《つか》ってできているの。ここでは、カビがどんなものかを見《み》ていきましょう！

カビは、菌類《きんるい》という仲間《なかま》に分類《ぶんるい》されている微生物《びせいぶつ》よ。「菌糸《きんし》」という、小《ちい》さく細《ほそ》い糸《いと》のようなものでできていて、菌糸《きんし》が成長《せいちょう》すると「胞《ほう》子《し》」という小《ちい》さな細胞《さいぼう》をたくさん作《つく》るの。空気中《くうきちゅう》に飛《と》び散《ち》ることで増《ふ》えていくんだって。

カビの種類《しゅるい》は８万種《まんしゅ》以上《いじょう》といわれているわ。みんながよく目《め》にする代表的《だいひょうてき》なものは「クロカビ」よ。湿気《しっけ》がこもりやすいお風呂場《ふろば》や、洗面所《せんめんじょ》、水《みず》でよくぬれる台所《だいどころ》の流《なが》し周辺《しゅうへん》によく現《あらわ》れるの。プラスチックや野菜《やさい》の葉《は》をくさらせる「ススカビ」というものもあるわ。カビは種類《しゅるい》によってはぜんそくやアレルギーなど、からだに影響《えいきょう》をおよぼすことがあるそうよ。

あっ！
カビが生えてる！楽しみにとっておいたのにー
チーズのは食べてもいいカビなんだよねー

カビが生える条件は、温度が20～30度、湿度が80％以上だって

悪さをするカビだけじゃないのね！

れんとせいのSOS!

発酵食品《はっこうしょくひん》には どんなものがあるの？

カビや細菌《さいきん》、酵母《こうぼ》などの微生物《びせいぶつ》の力《ちから》を活用《かつよう》して作《つく》られた食品《しょくひん》を「発酵食品《はっこうしょくひん》」というよ。昔《むかし》から、世界中《せかいじゅう》でたくさんの発酵食品《はっこうしょくひん》が食《た》べられているんだ。ここでは発酵食品《はっこうしょくひん》について見《み》ていこう！

発酵《はっこう》って何《なに》？

カビや細菌《さいきん》などの微生物《びせいぶつ》は、物質《ぶっしつ》を分解《ぶんかい》する力《ちから》をもっている。なぜ分解《ぶんかい》するかというと、食《た》べものを自分《じぶん》のからだに取《と》り入《い》れやすいものに変《か》えるためなんだ。

分解《ぶんかい》したものが人間《にんげん》にとって有益《ゆうえき》なとき、微《び》生物《せいぶつ》の働《はたら》きを「発酵《はっこう》」というよ。

発酵《はっこう》させる菌《きん》は大《おお》きく３種類《しゅるい》

カビ　酵母《こうぼ》　細菌《さいきん》

発酵食品《はっこうしょくひん》は昔《むかし》からあったけど、微生物《びせいぶつ》が関《かか》わっているとわかったのは19世紀《せいき》。フランスの科学者《かがくしゃ》・パスツールが解明《かいめい》したのよ。

発酵《はっこう》させるメリット！

・風味《ふうみ》がよくなる！
・長期保存《ちょうきほぞん》ができる！

長期保存《ちょうきほぞん》できるのはうれしいね

こんなにある！　発酵食品《はっこうしょくひん》

コウジカビ
・しょうゆ
・みそ
・みりん
・日本酒《しゅ》

ワイン酵母《こうぼ》
・ワイン

青《あお》カビ
・チーズ

納豆菌《なっとうきん》
・納豆《なっとう》

カワキコウジカビ
・かつおぶし

乳酸菌《にゅうさんきん》
・つけもの
・ヨーグルト

パン酵母《こうぼ》
・パン

酢酸菌《さくさんきん》
・お酢《す》
・ナタデココ

ビール酵母《こうぼ》
・ビール

ココナッツの実《み》の白《しろ》い部分《ぶぶん》やココナッツウォーターなどを、発酵《はっこう》させて作《つく》るのよ

【52】

納豆《なっとう》はどうしてネバネバするの？

大豆《だいず》のタンパク質《しつ》が納豆菌《なっとうきん》で分解《ぶんかい》されると、粘《ねば》り気《け》が出《で》るよ

　納豆《なっとう》は納豆菌《なっとうきん》によって作《つく》られる。納豆菌《なっとうきん》は、大豆《だいず》のタンパク質《しつ》を分解《ぶんかい》する働《はたら》きをもっているんだ。タンパク質《しつ》は分解《ぶんかい》されると、グルタミン酸《さん》といううまみ成分《せいぶん》ができるよ。これが長《なが》くつながったものと、糖《とう》が混《ま》ざり合《あ》って、ネバネバになるんだ。

　納豆《なっとう》は、独特《どくとく》のくさみと粘《ねば》り気《け》で好《す》き嫌《きら》いが分《わ》かれるかもしれない。でも、タンパク質《しつ》や鉄分《てつぶん》をはじめさまざまな栄養《えいよう》がふくまれているよ。それに、納豆《なっとう》だけにふくまれているといわれる「ナットウキナーゼ」は、脳《のう》こうそく予防《よぼう》に効果的《こうかてき》だという説《せつ》があるんだ。

納豆《なっとう》の誕生《たんじょう》は明《あき》らかにされていないけど、煮《に》た大豆《だいず》がわらに入《はい》り、わらの中《なか》にすんでいた納豆菌《なっとうきん》がついてできたという説《せつ》があるよ。

お湯をかけるとネバネバの成分はとけるみたいだよ。食器を洗うときに試してみよう！

納豆は、温かいごはんと食べるとおいしいのよね〜！

【53】パンはどうしてふくらむの？

イーストと小麦粉《こむぎこ》に秘密《ひみつ》があるよ

パンを作《つく》るとき、生地《きじ》がふくらんでびっくりするよね。このふくらみは、パン酵母《こうぼ》（イースト）と小麦粉《こむぎこ》が関係《かんけい》しているよ。生地《きじ》にイーストを入《い》れると、イーストは糖分《とうぶん》を分解《ぶんかい》して、炭酸《たんさん》ガスを出《だ》す。生地《きじ》がふくらむのはこの炭酸《たんさん》ガスのおかげなんだ。またイーストはふくらませるだけではなく、香《かお》り成分《せいぶん》も作《つく》ってくれるからパン作《づく》りには欠《か》かせないよ。活発《かっぱつ》に活動《かつどう》するのは、30度《ど》前後《ぜんご》で、65度《ど》で死《し》んでしまうんだって。

イーストが作《つく》った炭酸《たんさん》ガスがパン生地《きじ》からぬけてしまわないようにしているのは、小麦粉《こむぎこ》にふくまれている「グルテン」というタンパク質《しつ》だ。グルテンは、小麦粉《こむぎこ》を水《みず》で練《ね》るとできるよ。弾力《だんりょく》があってのびやすいのが特徴《とくちょう》なんだ。

パン作《づく》りに使《つか》われる小麦粉《こむぎこ》は強力粉《きょうりきこ》だよね。これは、強力粉《きょうりきこ》が、中力粉《ちゅうりきこ》や薄力粉《はくりきこ》よりも多《おお》くのグルテンをふくんでいるからなんだ。

ふくらんだ?
私のは いい感じ
ぼくのは ふくらまなかった なんでだろう
れんが使ったのは 薄力粉だったよ
薄力粉
へ?

パンの生地が発酵して ふくらむのを見ると、なんだか うれしくなるよね!

イーストは、いい香りも作って くれるのね

【54】ゼラチンと寒天《かんてん》のちがいって何《なに》？

原料《げんりょう》や固《かた》まる温度《おんど》などがちがうのよ

ゼリーの原料《げんりょう》を見《み》てみると、ゼラチンで固《かた》めているものと、寒天《かんてん》で固《かた》めているものがあるわ。ここでは、二つのちがいを見《み》てみましょうか。

ゼラチンは動物性《どうぶつせい》のタンパク質《しつ》よ。ウシやブタの骨《ほね》、皮《かわ》などにふくまれるコラーゲンというものがゼラチンのもとになっているの。

「プルン」と口《くち》どけがいいから、ムースやババロアといったお菓子《かし》にも使《つか》われるわ。

一方《いっぽう》の寒天《かんてん》は、テングサやオゴノリといった海藻《かいそう》からできているわ。食物繊維《しょくもつせんい》がたくさんふくまれているのが特徴《とくちょう》よ。ゼラチンに比《くら》べると弾力《だんりょく》はないけど、歯切《はぎ》れがとてもいいの。

固《かた》まる温度《おんど》は、ゼラチンが10度前後《どぜんご》で冷蔵《れいぞう》が必要《ひつよう》。寒天《かんてん》は30度前後《どぜんご》で、室温《しつおん》でも固《かた》まるといわれているわ。溶《と》ける温度《おんど》は、ゼラチンが25度前後《どぜんご》、寒天《かんてん》は80度前後《どぜんご》なんだって。

寒天はほぼ0カロリーなんだって！

ところてんも、寒天で作られているものよね

【55】

圧力《あつりょく》なべはどうして早《はや》く料理《りょうり》できるの？

気圧《きあつ》を高《たか》くしてふっとうする温度《おんど》を上《あ》げているんだ

圧力《あつりょく》なべがあるおうちもあるかもしれない。圧力《あつりょく》なべは、他《ほか》のなべよりも調理《ちょうり》時間《じかん》を節約《せつやく》してくれるものだよ。

水《みず》がふっとうする温度《おんど》は100度《ど》。でも高《たか》い山《やま》では、100度《ど》よりも低《ひく》い温度《おんど》でふっとうする。これは気圧《きあつ》が低《ひく》いことが関係《かんけい》しているんだ。一方《いっぽう》、気圧《きあつ》が高《たか》いところでは、ふっとうする温度《おんど》は100度《ど》よりも高《たか》くなるよ。圧力《あつりょく》なべはこの原理《げんり》を利用《りよう》していて、密封《みっぷう》することでなべの中《なか》の気圧《きあつ》を上《あ》げて、高《たか》い温度《おんど》で調理《ちょうり》できるようにしているんだ。だから、圧力《あつりょく》なべに入《い》れたものは、ふつうのなべに比《くら》べて1／2～1／4の時間《じかん》で火《ひ》が早《はや》く通《とお》るようになっているよ。

高《たか》い気圧《きあつ》と高《たか》い温度《おんど》だから、とちゅうでふたを開《あ》けないようにね！

調理する時間が短くなれば、ガス代や電気代も節約できるよね！

圧力なべだと栄養もあまりにげないみたい！

完成！
はやっ!!
私たちも圧力なべの方がいいなー
ドクガクレンジャーになれたら使わせてあげるねー
グツ
グツ

【56】くだものや野菜《やさい》を切《き》ると、どうして色《いろ》が変《か》わるの？

ふくまれているポリフェノールが、空気中《くうきちゅう》の酸素《さんそ》と結《むす》びつくの

皮《かわ》をむいたリンゴの色《いろ》が茶色《ちゃいろ》くなってしまったのを見《み》たことはある？　これは、ものが酸素《さんそ》と結《むす》びつく「酸化《さんか》」という現象《げんしょう》から起《お》きているの。リンゴの中《なか》には、酸素《さんそ》と結《むす》びつくと色《いろ》を変《か》えるポリフェノールという物質《ぶっしつ》と、酸化《さんか》を促進《そくしん》させる酵素《こうそ》がふくまれているわ。リンゴの皮《かわ》を切《き》ると、リンゴの表面《ひょうめん》に酸素《さんそ》がふれてしまって、ポリフェノールと酵素《こうそ》が反応《はんのう》しちゃうというわけ。

リンゴの色《いろ》を変《か》えないようにするための方法《ほうほう》の一つに、塩水《しおみず》につ

けるという方法《ほうほう》があるわよ。塩《しお》が酵素《こうそ》の働《はたら》きをおさえて、色《いろ》が変《か》わるのを防《ふせ》いでくれるんだって。

他《ほか》にも色《いろ》が変《か》わりやすいのは、バナナやモモ、野菜《やさい》だとジャガイモや、ナス、ヤマイモやゴボウなどがあるわ。レモン汁《じる》は酸化《さんか》を防《ふせ》ぐ働《はたら》きがあるから、くだものにはレモン汁《じる》をかけるのもいいみたい。野菜《やさい》は、水《みず》や酢水《すみず》につけるのがいいんだって。

あぁ！
もう食べてる！塩水につける意味がないじゃなーい！
味見だよ！うまい
モグ
モグ

ポリフェノールの量が少ない野菜やくだものは色が変わるまでに時間がかかるんだって
塩水につけるのには、そんな理由があったのね

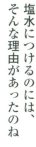

【57】

炭酸水《たんさんすい》はどうしてシュワシュワするの？

二酸化炭素《にさんかたんそ》がふくまれているんだ

炭酸《たんさん》のジュースを飲《の》むと「シュワシュワ」するよね。このシュワシュワの正体《しょうたい》は、二酸化炭素《にさんかたんそ》なんだ。炭酸《たんさん》のジュースは、味《あじ》のついた飲《の》みものに二酸化炭素《にさんかたんそ》を溶《と》かして作《つく》っているよ。

炭酸《たんさん》のジュースを作《つく》るときは、ジュースを冷《つめ》たくしたり、圧力《あつりょく》をかけたりしてジュースに溶《と》けこむ二酸化炭素《にさんかたんそ》の量《りょう》を多《おお》くしている。これを口《くち》の中《なか》に入《い》れると二酸化炭素《にさんかたんそ》が出《で》てきて、シュワシュワと感《かん》じるんだって。

炭酸《たんさん》のジュースが入《はい》ったペットボトルを開《あ》けてしばらくたつと、シュワシュワ感《かん》がなくなるよね。これは二酸化炭素《にさんかたんそ》が空気中《くうきちゅう》にぬけてしまったからなんだ。

シュワシュワ感《かん》が大好《だいす》きな子《こ》は、開《あ》けたらなるべく早《はや》く飲《の》みきった方《ほう》がいいかもしれないね！

冷やした
炭酸ジュースは
おいしいね
炭酸ジュースは
ふるといきなり
出てくるから
気をつけてね
それを早く
言ってよー…
シュワー

特に夏に
飲みたくなるよね！
冷えた炭酸のジュースは
おいしいわよね〜！

【58】卵《たまご》の白身《しろみ》はどうして温《あたた》めると白《しろ》くなるの？

タンパク質《しつ》が関係《かんけい》しているのよ

卵《たまご》を割《わ》ると、黄身《きみ》と透明《とうめい》な白身《しろみ》が出《で》てくるよわね。でも焼《や》いたりゆでたりすると透明《とうめい》の部分《ぶぶん》が白《しろ》くなる。どうしてかしら？

卵《たまご》にはたくさんのタンパク質《しつ》がふくまれているわ。タンパク質《しつ》は、生物《せいぶつ》のからだを作《つく》っている要素《ようそ》の一つで、熱《ねつ》を加《くわ》えると白《しろ》くなる性質《せいしつ》をもっているの。白身《しろみ》にはたくさんのタンパク質《しつ》が入《はい》っているから、焼《や》いたりゆでたりすると真《ま》っ白《しろ》くなるというわけ。

ところで、卵《たまご》は生《なま》ものなのに、日持《ひも》ちがすることで知《し》られている

わ。これは白身《しろみ》に細菌《さいきん》をよせつけない酵《こう》素《そ》がふくまれているからなの。白身《しろみ》にふくまれる「リゾチーム」という酵素《こうそ》が、細《さい》菌《きん》から守《まも》ってくれているのよ。

卵《たまご》は生《なま》のままや、ゆでたり焼《や》いたりして食《た》べるよね。プリンやケーキなどお菓《か》子《し》の材料《ざいりょう》にも使《つか》われるから、料理《りょうり》においてとても万能《ばんのう》な食《た》べものの一つでしょうね。

赤いお肉も焼くと
白っぽくなるのは、
タンパク質のせい
なんだってさ

卵を使って
いろんな料理が
したくなってきた!

遺伝子組《いでんしく》みかえ食品《しょくひん》って どんな食品《しょくひん》なの？

れんとせいのSOS!

「遺伝子組《いでんしく》みかえ食品《しょくひん》」ということばを聞《き》いたことがあるかしら？　まだ歴史《れきし》が浅《あさ》い食品《しょくひん》なこともあって、賛否両論《さんぴりょうろん》を生《う》んでいる食品《しょくひん》なの。ここでは、遺伝子組《いでんしく》みかえ食品《しょくひん》について見《み》ていきましょう！

遺伝子《いでんし》って？

すべての生物《せいぶつ》のからだには、からだの設計図《せっけいず》といえる遺伝子《いでんし》（DNA《ディーエヌエー》）があるよ。親《おや》から子《こ》どもへ引《ひ》きつがれるんだ。

遺伝子組《いでんしく》みかえって？

ある生物《せいぶつ》の遺伝子《いでんし》の中《なか》から好《この》ましい遺伝子《いでんし》を取《と》りだして、それを微生物《びせいぶつ》などを使《つか》って他《ほか》の生物《せいぶつ》の遺伝子《いでんし》に組《く》みこむ。組《く》みこまれた生物《せいぶつ》の性質《せいしつ》を変《か》えるんだ。

～たとえばこんなものができる～

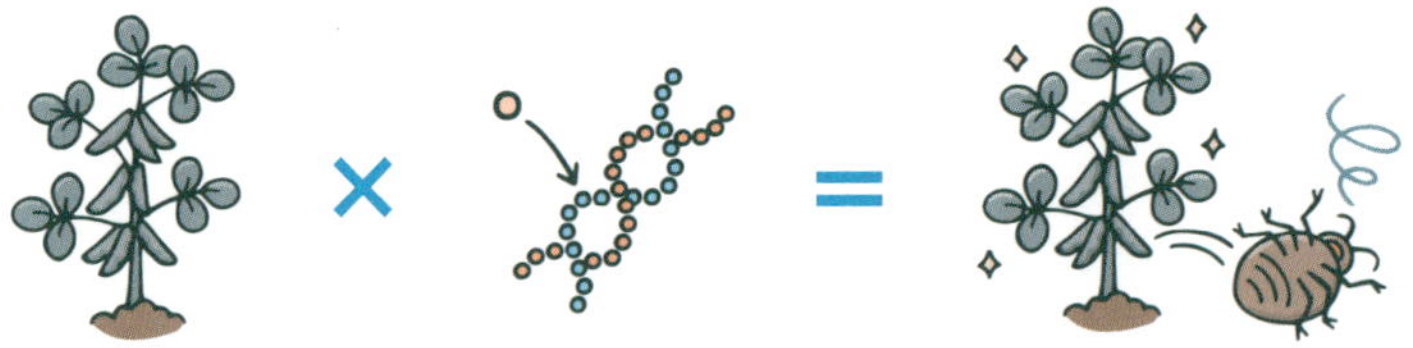

大豆《だいず》 × 害虫《がいちゅう》に強《つよ》い遺伝子《いでんし》 ＝ 害虫《がいちゅう》に強《つよ》い大豆《だいず》（遺伝子組《いでんしく》みかえ大豆《だいず》）

この大豆《だいず》を使《つか》った食品《しょくひん》は、「遺伝子組《いでんしく》みかえ食品《しょくひん》」になるんだ

遺伝子《いでんし》組《く》みかえ作物《さくもつ》の歴史《れきし》

1973年	アメリカで遺伝子《いでんし》組《く》みかえが成功《せいこう》
1994年	完熟《かんじゅく》でも日持《ひも》ちのいいトマトがアメリカで販《はん》売《ばい》される　世界初《せかいはつ》の遺伝子《いでんし》組《く》みかえ食品《しょくひん》！
1996年	日本で初《はじ》めて遺伝子《いでんし》組《く》みかえされた作物《さくもつ》が食《しょく》品《ひん》として認可《にんか》される

遺伝子《いでんし》組《く》みかえ食品《しょくひん》の影響《えいきょう》って？

国内《こくない》では、組《く》みかえ品種《ひんしゅ》ごとにアレルギーを起《お》こすアレルゲンや毒素《どくそ》にならないか調《しら》べ、「安全《あんぜん》」と評価《ひょうか》したものが流通《りゅうつう》しているよ。

アメリカの科学《かがく》アカデミーでは2016年5月、約《やく》900の調査報告《ちょうさほうこく》や論文《ろんぶん》を精査《せいさ》し、「人《ひと》や家畜《かちく》が食《た》べても健康上《けんこうじょう》のリスクは増《ふ》えない」とする報告書《ほうこくしょ》を発表《はっぴょう》した。

ただ、組《く》みかえて作《つく》られたものを人《ひと》が食《た》べはじめてまだ約《やく》20年《ねん》。長期間《ちょうきかん》食《た》べつづけた場合《ばあい》の安全性《あんぜんせい》については心配《しんぱい》する声《こえ》もあるんだ。

日本で遺伝子《いでんし》組《く》みかえ食品《しょくひん》が販売《はんばい》されてから、まだ歴史《れきし》が浅《あさ》いのね

生産者《せいさんしゃ》にとっては効率《こうりつ》よく育《そだ》てられて、消費者《しょうひしゃ》にとってはおいしい作物《さくもつ》たち。でも、どんな影響《えいきょう》が出《で》るかは未知数《みちすう》だから、なんだか難《むずか》しいなぁ

こんなことが心配《しんぱい》されているよ

・人体《じんたい》への影響《えいきょう》
・野生生物《やせいせいぶつ》への影響《えいきょう》
・生態系《せいたいけい》への影響《えいきょう》

日本の遺伝子《いでんし》組《く》みかえ食品《しょくひん》の表示制度《ひょうじせいど》

2001年度《ねんど》に開始《かいし》された制度《せいど》だよ。遺伝子《いでんし》組《く》みかえされたものを使《つか》っている場合《ばあい》には、その表示《ひょうじ》をするように義務《ぎむ》づけられているんだ。「組《く》みかえ」「不分別《ふぶんべつ》」の義務表示《ぎむひょうじ》と、「組《く》みかえでない」という任意表示《にんいひょうじ》の3パターンがあるんだって。

対象《たいしょう》

・大豆《だいず》
・トウモロコシ
・ばれいしょ
・なたね
・綿《わた》
・パパイア
・てんさい
・アルファルファ

＋ 33の加工食品《かこうしょくひん》

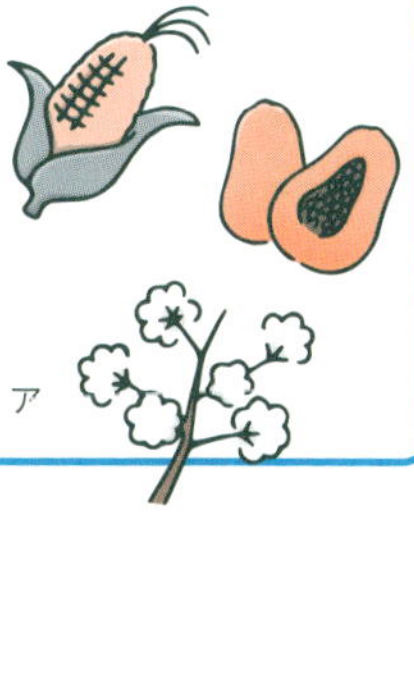

【59】どうして、ストローでジュースが飲《の》めるの？

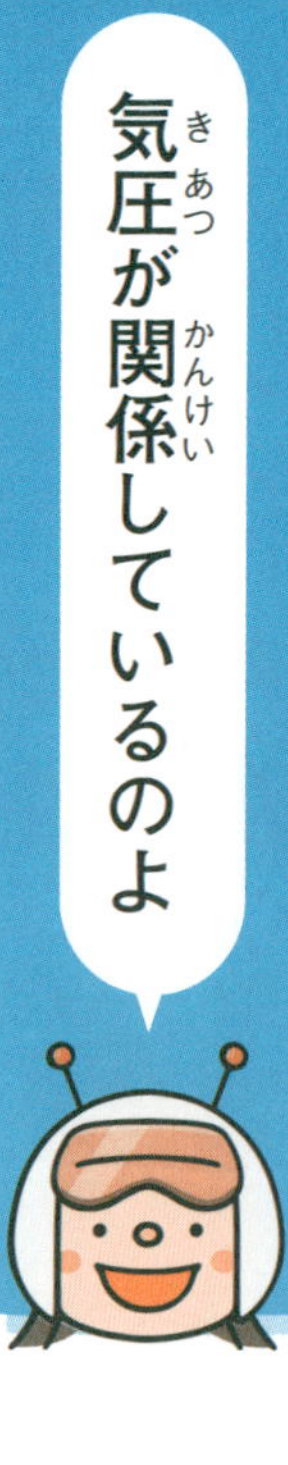

ジュースなどを飲《の》むときに便利《べんり》なストロー。あたりまえにストローをすっているけど、すうだけで口《くち》に入《い》れられるなんてふしぎじゃない？　ストローでジュースが飲《の》めるのには、気圧《きあつ》の差《さ》が関係《かんけい》していたの。

たとえば山《やま》の頂上《ちょうじょう》に行《い》ったとき、スナック菓子《がし》の袋《ふくろ》がパンパンにふくれてしまうことがあるわよね。これは袋《ふくろ》の中《なか》の気圧《きあつ》が高《たか》く、周《まわ》りの気圧《きあつ》が低《ひく》い（空気《くうき》がうすい）ために、中《なか》から外《そと》に力《ちから》がかかってふくらむの。

同《おな》じようにストローも考《かんが》えてみましょう。ストローをすうと、ストローの中《なか》の空気《くうき》が減《へ》るわ。すると、ストローの中《なか》の気圧《きあつ》が下《さ》がって、ジュースがおし上《あ》げられるの。それでストローでジュースが飲《の》めるのよ。

外の圧力におされて上がる
圧力小
圧力大
そういうしくみだったんだぁ
うまい

ちなみに、壁《かべ》に取《と》りつけてものをかける吸《きゅう》ばんも気圧《きあつ》を利用《りよう》しているわ。吸《きゅう》ばんは、中《なか》の空気《くうき》をぬくことで、外《そと》側《がわ》の気圧《きあつ》におされてくっつくの。

気圧が関係していたなんて知らなかった！

気圧はあらゆる方向からかかるらしいわ

【60】

歯《は》みがきの後《あと》、ジュースを飲《の》むと苦《にが》い理由《りゆう》は？

歯《は》みがき粉《こ》にふくまれている成分《せいぶん》が関係《かんけい》している!?

歯《は》みがきをした後《あと》に、グレープフルーツやオレンジジュースを飲《の》むと苦《にが》い！という経験をしたことはあるかな？　これは、歯《は》みがき粉《こ》にふくまれる物質《ぶっしつ》が関係《かんけい》しているという説《せつ》があるよ。その物質《ぶっしつ》とは、洗剤《せんざい》や石《せっ》けん（P124―125）でも登場《とうじょう》した、界面活性剤《かいめんかっせいざい》！　多《おお》くの歯《は》みがき粉《こ》に配合《はいごう》されているというよ。

歯《は》みがき粉《こ》の界面活性剤《かいめんかっせいざい》は、泡立《あわだ》ちをよくし、みがいた後《あと》にスッキリとした感《かん》じをもたらす。これが舌《した》にある甘《あま》みを感《かん》じる部分《ぶぶん》を弱《よわ》らせる一方《いっぽう》、苦《にが》みを感《かん》じる部分《ぶぶん》を敏感《びんかん》にさせるんだって。だから、甘《あま》いものは苦《にが》いと感《かん》じてしまうようだ。約《やく》30分《ぷん》たつと味覚《みかく》はもとにもどるともいわれているよ。

歯《は》みがき粉《こ》を使《つか》うのもいいけど、泡《あわ》が立《た》ったり、スッキリした爽快感《そうかいかん》からみがいた気《き》になってしまうから注意《ちゅうい》が必要《ひつよう》だね。

せっかく歯みがきをした後だから、甘いものを食べるのはやめた方がいいね

界面活性剤が使われていない歯みがき粉もあるらしいわ

食後にしぼりたてのジュースがあるよ
えー!? もう歯みがきしちゃったよ
えー今日はがまんするー

【61】

飛行機《ひこうき》はどうやって飛《と》ぶの？

翼《つばさ》とエンジンが飛《と》ぶ力《ちから》を作《つく》っているんだ

空《そら》を飛《と》ぶ飛行機《ひこうき》は、地上《ちじょう》から見《み》るととっても小《ちい》さく見《み》える。でも、空港《くうこう》で見《み》るととっても大《おお》きな乗《の》りものだ。人間《にんげん》は飛《と》べないのに、どうして大《おお》きな飛行機《ひこうき》が飛《と》べるんだろう。実《じつ》は「エンジン」と、「主《しゅ》翼《よく》」という大《おお》きな翼《つばさ》が飛《と》ぶかぎになっているんだ。

主翼《しゅよく》についているエンジンは、燃料《ねんりょう》を燃《も》やしたときに出《で》るガスを勢《いきお》いよく後《うし》ろにふいている。勢《いきお》いよくガスを出《だ》すことで、前《まえ》に進《すす》む力《ちから》を得《え》ているよ。

次《つぎ》に翼《つばさ》をよく見《み》ると、上面《じょうめん》と下面《かめん》の形《かたち》がちがう。上面《じょうめん》は丸《まる》くふくらんでいるけど、下面《かめん》は平《たい》らになっているんだ。エンジンの力《ちから》で飛《ひ》行機《こうき》が前《まえ》に進《すす》むと、上面《じょうめん》では空気《くうき》が速《はや》く流《なが》れて、下面《かめん》では空気《くうき》が遅《おそ》く流《なが》れるようになっている。速《はや》さのちがいによって、つばさの下《した》にかかる圧力《あつりょく》より、上《うえ》にかかる圧力《あつりょく》の方《ほう》が小《ちい》さくなるんだ。すると、飛行機《ひこうき》がもちあがる力《ちから》が働《はたら》くよ。この力《ちから》を「揚力《ようりょく》」とよぶんだ。

飛行機をバックするときは誘導員が車を使っておしているんだって

ただでさえ飛行機は大きいのに、乗客、荷物が乗ってもうかぶなんて、相当な力なんでしょうね！

62

車《くるま》はどんなしくみで動《うご》くの？

エンジンで車《くるま》を動《うご》かす力《ちから》を作《つく》っているの

車《くるま》が動《うご》くのには、エンジンがとても重要《じゅうよう》になるわ。エンジンの中《なか》で燃料《ねんりょう》となるガソリンと、空気《くうき》を混《ま》ぜるの。そうするとガソリンが燃《も》えて、車《くるま》を動《うご》かす力《ちから》を作《つく》るわ。アクセルペダルをふむと、エンジンからの力《ちから》が伝《つた》わってタイヤが回《まわ》る。ブレーキペダルをふむと、タイヤの回転《かいてん》が止《と》まるしくみなの。ガソリンを使《つか》ったいまのような車《くるま》が作《つく》られたのは、１８８０年代《ねんだい》の半《なか》ばよ。

ガソリン車《しゃ》は便利《べんり》だけど、走《はし》ると出《で》る二酸化炭素《にさんかたんそ》は環境《かんきょう》に悪《わる》いし、

私も運転してみたーい
運転免許証がないと運転できないのよ

原料《げんりょう》の石油《せきゆ》は限《かぎ》りがあるわ。だからガソリン車《しゃ》を使《つか》うのをやめて、電気自動車《でんきじどうしゃ》の利用《りよう》を進《すす》める動《うご》きもあるの。イギリスやフランスなどは、2040年をめどにガソリン車《しゃ》やディーゼル車《しゃ》などの販売《はんばい》を禁止《きんし》する考《かんが》えを示《しめ》しているのよ。

また近年《きんねん》、自動車《じどうしゃ》メーカーなどは自動運転機《じどううんてんき》能《のう》をもった車《くるま》の開発《かいはつ》に取《と》り組《く》んでいるわ。事故《じこ》や渋滞《じゅうたい》を減《へ》らす効果《こうか》や、運転手不足《うんてんしゅぶそく》を解消《かいしょう》することが期待《きたい》されているのよ。

ぼくらが大人になっているころには、自動運転になっているかもしれないのか

ハイブリッドカーは、ガソリンで動くエンジンと電気で動くモーター、二つの動力をもっている車らしいわ

【63】

新幹線《しんかんせん》はどうして速《はや》く走《はし》れるの？

ふみきりがなかったり、急《きゅう》なカーブがなかったりするんだ

新幹線《しんかんせん》は電気《でんき》の力《ちから》で動《うご》いている。か線《せん》から、屋根《やね》に取《と》りつけている「パンダグラフ」とよばれる装置《そうち》に電気《でんき》を通《とお》して、車体《しゃたい》の下《した》にあるモーターを回《まわ》すんだ。モーターが回《まわ》ると車軸《しゃじく》が回《まわ》り、そして車輪《しゃりん》も動《うご》き出《だ》すよ。

電車《でんしゃ》が走《はし》る線路《せんろ》には、ふみきりがあったり、カーブもあったりする。でも、新幹線《しんかんせん》は人間《にんげん》や動物《どうぶつ》が立《た》ち入《い》ることがないように柵《さく》を設《もう》けていたり、急《きゅう》なカーブがなかったりするよ。ふみきりもないんだ。

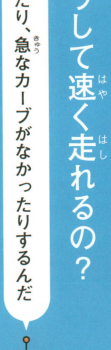

だから、とても速《はや》いスピードで走《はし》れるよ。

また、ゆれを少《すく》なくする装置《そうち》やうるさい音《おと》を少《すく》なくするパンダグラフを使《つか》っているから、新幹線《しんかんせん》の車内《しゃない》は電車《でんしゃ》に比《くら》べて静《しず》かでゆれが少《すく》ないというよ。２０１８年１月時《じ》点《てん》で日本で一番速《いちばんはや》い新幹線《しんかんせん》は、東北新幹線《とうほくしんかんせん》「Ｅ《イー》５系《けい》」のはやぶさと秋田新幹線《あきたしんかんせん》「Ｅ《イー》６系《けい》」のこまちだ。国内最速《こくないさいそく》の時速《じそく》320キロをほこるよ。

新幹線にも
いろんな種類が
あるよね！

事故が起きないよう、
自動ブレーキなどの
対策もしているらしいわ

【64】リニアモーターカーはどんな乗《の》りもの？

車輪《しゃりん》がなくて、磁石《じしゃく》の力《ちから》で動《うご》くのよ

新幹線《しんかんせん》よりも速《はや》い乗《の》りものと注目《ちゅうもく》されている、リニアモーターカーを聞《き》いたことがあるかしら？　ふつうの電車《でんしゃ》とちがって、車輪《しゃりん》がない乗《の》りものよ。それに、レールの上《うえ》から10センチほどうきあがって、磁石《じしゃく》の力《ちから》を使《つか》って進《すす》むの。時速約《じそくやく》500キロを出《だ》す、超高速《ちょうこうそく》の乗《の》りものとして注目《ちゅうもく》されているのよ。

リニアモーターは、回転式《かいてんしき》のモーターを直線状《ちょくせんじょう》に引《ひ》きのばしたモーターのこと。ふつうのモーターは、磁石《じしゃく》が引《ひ》き合《あ》ったり、反発《はんぱつ》した

りする力《ちから》でモーターを回転《かいてん》させるわ。でもリニアモーターは、車体《しゃたい》に取《と》りつけた磁石《じしゃく》と、レールに相当《そうとう》する「ガイドウェイ」に取《と》りつけた磁《じ》石《しゃく》の力《ちから》で前《まえ》に進《すす》むの。

リニア中央新幹線《ちゅうおうしんかんせん》は東京《とうきょう》、名古屋《なごや》、大阪《おおさか》といった日本の大都市《だいとし》を結《むす》ぶ第《だい》二の新幹線《しんかんせん》として期待《きたい》されているわ。2027年に、まず東京《とうきょう》—名古屋間《なごやかん》が開通予定《かいつうよてい》なんだって。開通《かいつう》すれば東《とう》京《きょう》—名古屋間《なごやかん》を40分《ぷん》、大阪《おおさか》まで開業《かいぎょう》が進《すす》めば東《とう》京《きょう》—大阪間《おおさかかん》を67分《ふん》で結《むす》ぶそうよ！

移動の幅が広がりそうだね！

時速500キロも出すなんてすごいわ〜

65 ジェットコースターから落《お》ちないのはなぜ？

遠心力《えんしんりょく》という力《ちから》を利用《りよう》しているよ

ジェットコースターは速《はや》いスピードで上《のぼ》ったり下《お》りたりするよね。それにとちゅうで輪《わ》をかくように走《はし》って、逆《さか》さまになってしまうときもある。落《お》ちる心配《しんぱい》をするかもしれないけど、ジェットコースターは「遠心力《えんしんりょく》」という力《ちから》を使《つか》って落《お》ちないようになっているんだ。

遠心力《えんしんりょく》とは、物体《ぶったい》を回転《かいてん》させたときに、中心《ちゅうしん》から外側《そとがわ》に向《む》かって働《はたら》く力《ちから》のこと。回転《かいてん》させるときの速《はや》さが速《はや》いほど大《おお》きくなるんだ。物体《ぶったい》を回転《かいてん》させる速《はや》さを2倍《ばい》にすると、遠心力《えんしんりょく》は4倍《ばい》に働《はたら》くというよ。

キャー！
ビュ――ン
助けてー！
とはいってもやっぱりこわいよね
そうね…

たとえばバケツの水《みず》を勢《いきお》いよく回《まわ》してみると、水《みず》は落《お》ちない。これはバケツを勢《いきお》いよく回《まわ》すことで、遠心力《えんしんりょく》が大《おお》きくなるからなんだ。

同《おな》じように、ジェットコースターは速《はや》いスピードで動《うご》くことで十分《じゅうぶん》な遠心力《えんしんりょく》が得《え》られるように設計《せっけい》されている。だから、逆《さか》さまになっても落《お》ちないようになっているんだよ。

ジェットコースターには、安全装置もそなえられているみたいだね
こんな原理があったなんて知らなかったわ！

らいおむ隊長《たいちょう》のメッセージを解読《かいどく》せよ！

らいおむ隊長《たいちょう》から、手紙《てがみ》が届《とど》いたんだけど、問題《もんだい》が書《か》かれているわ！

よ～し！　全問正解《ぜんもんせいかい》を目指《めざ》そう！

特《とく》別《べつ》任《にん》務《む》

らいおむ隊長《たいちょう》から届《とど》いた手紙《てがみ》には、問題《もんだい》が書《か》かれてあったよ。がんばって解《と》いてみよう！

れんとせいへ

1：次《つぎ》の問題《もんだい》が解《と》けるかな？

2：「お」という言葉《ことば》と、（1）の答《こた》えの最後《さいご》の字《じ》、（2）の答《こた》えの4文字目《もじめ》、（3）～（5）の答《こた》えの最初《さいしょ》の文字《もじ》を合《あ》わせると、何《なん》という言葉《ことば》になる？

らいおむ

（1）　卵《たまご》の白身《しろみ》が温《あたた》まると白《しろ》くなるのは、熱《ねつ》を加《くわ》えると白《しろ》くなる性質《せいしつ》をもつ何《なに》がふくまれているから？

（2）　サイダーやコーラなどが「シュワシュワ」する理由《りゆう》は、気《き》体《たい》の何《なに》がふくまれているから？

（3）　冷蔵庫《れいぞうこ》の中《なか》にある管《くだ》に入《はい》っているガスで、冷蔵庫《れいぞうこ》を冷《ひ》やすもとになっているものは？

（4）　くだものや野菜《やさい》を切《き》ると、色《いろ》が変《か》わってしまう原因《げんいん》になっているなど、酸素《さんそ》がものと結《むす》びつくことを何《なん》という？

（5）　電子《でんし》レンジに使《つか》われている、電磁波《でんじは》の一種《いっしゅ》は？

答《こた》えは186ページに！

クイズの答《こた》え

れんとせいの特別任務《とくべつにんむ》⑤

1 （1）タンパク質《しつ》

（2）二酸化炭素《にさんかたんそ》

（3）冷《れい》ばい

（4）酸化《さんか》

（5）マイクロ波《は》

2 おつかれさま

身近《みぢか》なものばかりなのに、知《し》らないことばかりでおどろいたわ……。いまの便利《べんり》さを作《つく》ってくれた昔《むかし》の人《ひと》たちには感謝《かんしゃ》の気持《きも》ちでいっぱい！

あたりまえに起《お》こっているものには、いろんなしくみがあったんだね

これでも、まだ少《すこ》ししか紹介《しょうかい》できていないけどね。まぁ、らいおむ隊長《たいちょう》ならきっと認《みと》めてくれるはずよ

いろんなことを一歩《いっぽ》立《た》ち止《ど》まって考《かんが》えてみる意識《いしき》が身《み》につけられると、何気《なにげ》ない日常《にちじょう》もおもしろくなるはずだよ

まだ解明《かいめい》されていないこともドクガクレンジャーになって力《ちから》を積《つ》んで、調《しら》べてみたいわ！

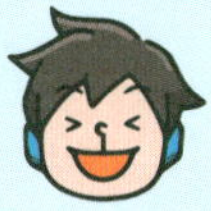

地球《ちきゅう》に生《い》きるみんなが、よりよく生《い》きられるような世界《せかい》ができたら最高《さいこう》だなぁ！

その心意気《こころいき》でがんばって！

はい
ふだんの生活には
たくさんのふしぎが
あふれていることを
思いしりました
いまの便利さって
いろんな人が作って
きたものなんですね
らいおむ隊長
もどって
まいりました！
おぉ！
もどったか

将来は宇宙に
行っていろんな
惑星を見てみたい！
宇宙専門の
レンジャーに
なるのもいいな
と思いました！
私は
ロボットと
一緒に
パトロール
したいわ

そうかそうか
二人とも視野が
広がるいい
経験を積めた
ようだな
はい！

二人とも よくがんばったから…
ゴクリ…
ガォー
ドクガク レンジャーの 仲間として認める
わーーい！
ヨウタ！ ミツキ！ ありがとうー
あなたたちの おかげよー
プシュー…
カクン
あれ??
ヨウタ？ ミツキ？ もしもーし
動かないわ…
動かせるよう 直しといてな
どうやって 動かすのー

ロボットと共存《きょうそん》する時代《じだい》へ

1960年代《ねんだい》の初《はじ》めにアメリカで世《せ》界《かい》初《はつ》の産業用《さんぎょうよう》ロボットが誕生《たんじょう》してから、半世紀《はんせいき》以上《いじょう》。ロボットは、いろんなところで活躍《かつやく》していて、生活《せいかつ》に欠《か》かせないといってもいいくらいの存在《そんざい》だよ。最後《さいご》は、ロボットについて見《み》ていこう！

「ロボット」の由来《ゆらい》

1920年にチェコの劇作家《げきさっか》、カレル・チャペックがチェコ語《ご》の強制労働《きょうせいろうどう》「ロボータ」と、スロバキア語《ご》の労働者《ろうどうしゃ》「ロボトニーク」を合《あ》わせて作《つく》ったことばといわれているよ。

ロボットの活用《かつよう》の仕方《しかた》の変化《へんか》

開発当初《かいはつとうしょ》

単純作業《たんじゅんさぎょう》やくり返《かえ》し作業《さぎょう》の重労働《じゅうろうどう》を代《か》わりに行《おこな》うためだった。

車《くるま》を作《つく》る工場《こうじょう》に車《くるま》の溶接《ようせつ》や、塗装《とそう》、部品《ぶひん》の取《と》りつけ、検査《けんさ》などを行《おこな》う作業《さぎょう》をするためのロボットが導入《どうにゅう》されたよ。

いま

単純《たんじゅん》な作業《さぎょう》に加《くわ》えて、ロボットにしかできない高速《こうそく》、高精度《こうせいど》の作業《さぎょう》などでも活用《かつよう》されているんだ。

農業分野《のうぎょうぶんや》で

収穫《しゅうかく》ロボット

田植《たう》えや収穫《しゅうかく》などの農作業《のうさぎょう》や、植林《しょくりん》、乳《ちち》しぼりなどを行《おこな》う

病院《びょういん》や介護施設《かいごしせつ》で

手術支援《しゅじゅつしえん》ロボット

人間《にんげん》の手《て》を使《つか》うよりも細《こま》かなアームを使《つか》って手《しゅ》術《じゅつ》をすることができる

入浴介助《にゅうよくかいじょ》ロボット

患者《かんじゃ》や介護《かいご》が必要《ひつよう》な人《ひと》の入浴《にゅうよく》のサポートをする

災害《さいがい》のときに

災害対応《さいがいたいおう》ロボット

災害《さいがい》が起《お》こったときに、被害状況《ひがいじょうきょう》を調査《ちょうさ》する

こんな場所《ばしょ》でロボットの活躍《かつやく》が期待《きたい》されているよ！

工場《こうじょう》などで

産業用《さんぎょうよう》ロボット

工業製品《こうぎょうせいひん》や、組《く》み立《た》てなどを行《おこな》う

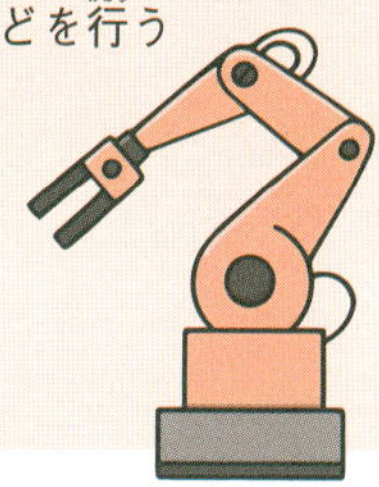

家《いえ》で

家事《かじ》ロボット

調理《ちょうり》や育児《いくじ》、留守番《るすばん》などをしてくれる

そうじ用《よう》ロボット

自動的《じどうてき》に動《うご》いて、床《ゆか》のそうじをしてくれる

ペットロボット

日常生活《にちじょうせいかつ》のいやしや娯《ご》楽《らく》のパートナーになる

どんどん、いろんなロボットが登場《とうじょう》してくるんだろうな～！

ロボットの力《ちから》を借《か》りながら、よりよい生活《せいかつ》ができるといいわね！

監修　柿澤壽（かきざわ・ひさし）

桐朋中学校・高等学校教諭。専門は化学（生化学）。
小学生のころに理科に興味をもち、それが高じて実験器具を集めて自宅でも簡単な実験を行うようになり、授業内容を深めていた。教師になってからは、生徒に理科を好きになってもらうために、中学では実験を重視した授業を、高校では実験に加え論理を重視した授業を展開。「大学入試問題正解（化学）」（旺文社）の解答執筆者でもあり、著書に「とってもやさしい化学基礎」「化学の良問問題集」（共著）（以上旺文社）がある。趣味は車と筆記具集め。特に万年筆に関しては相当なコレクターである。

編著　朝日小学生新聞

読《よ》めばわかる！　科学《かがく》

2018年3月20日　初版第1刷発行
2019年5月31日　　　第2刷発行

イラスト　nakata bench

発行者　植田幸司
編集　佐藤美咲
デザイン・DTP　野﨑麻里亜　李澤佳子

発行所　朝日学生新聞社
〒104-8433　東京都中央区築地5-3-2　朝日新聞社新館9階
電話　03-3545-5436（出版部）
http://www.asagaku.jp（朝日学生新聞社の出版案内など）

印刷所　株式会社　光邦

ISBN　978-4-909064-34-9